愛猫のための

症状・目的別 栄養事典

講談社

はじめに

人のものを食べてはいけない！　はホント？

「猫は完全肉食動物です」こう聞くと、皆さんは「そうだよね、猫はライオンと同じ肉食だよね！」と思い、小さな猛獣である猫がネズミや小鳥を狩り、食べている様子をイメージされると思います。

一方で、猫は犬と共に昔から人間の身近にいて飼われてきた生き物でもあります。ですから、いわゆる「猫まんま」と呼ばれる様な、ごはんに汁をかけたものを人からもらうことが多かったのでしょう。

ここで「あれ？」と思いませんか？「猫は肉食だったはずなのに『猫まんま』を食べてきたよね？」と。

そうなのです。「肉食動物」が「肉」のみを食べているというのは誤解なのです。狩った動物を丸ごと食べていることと、スーパーなどで売られている「肉」ばかりを食べることとは全く違うことなのです。

そして、人間の身近で暮らしてきた猫にはライオンなどとは違い、やや雑食の性質も身についています。「完全肉食動物」ですので肉などの動物性タンパク質を断った食生活では生きていけませんが、その他の食物も取り入れながら生きていける動物なのです。

家族として同じものを食べたいという気持ちが飼い主さんに湧いてくるのは自然なことです。しかし一方で「人間の食べ物を食べさせてはいけない」という話が多く、躊躇してしまう方もいらっしゃることでしょう。

もちろん、「そもそも猫は自然界で白米を炊いて食べる生き物ではない」のは確かですが

「適応可能」かどうかは全く別のことです。

肉食であるからには肉を食べさせるのは当然として「なんでそこまでして野菜を食べさせたいのか？」と言われることが多くあります。先述の様に肉のみを与えることは自然界での食生活とはかけ離れた物になってしまうのです。

一般家庭で自然界の様に丸ごとネズミを与える食生活をさせることは難しいと思われます。キャットフード以外の選択肢を選択するとなると肉以外の食材も取り入れていく方が自然だと考えています。事実、自然界で餌となる小動物の腸内にも消化途中の植物が残されていて、それも丸ごと食べているのですから。

メルマガアンケートから出来た本です

現在、ペットの食・栄養分野はいろいろな「流派」がある様です。個人的にはどの流派にも正当性があるので、良いとこ取りで良いと思いますし、これまでも診療やセミナーで情報提供させていただきましたが、まだまだ疑問が解消されていない飼い主さんの方が多い様です。

そこで今回は、読者の知りたいことをメルマガなどでアンケートを取り、それを反映させていただきました。非常に沢山のご質問をいただいたので、やむなく多い順に採用させていただきましたが、きっとあなたの疑問に役立つ内容があると思いますし、そうなれば幸いです。

猫という生きもの

猫は小さな犬ではない

猫は雑食傾向のある「完全肉食動物」で、食事内容から肉や魚などの動物性食材を完全に取り除くと、栄養失調になる動物です。

しかしこの事実は「肉以外のものを食べたら具合が悪くなる」という意味ではなく、「猫草を食べるように植物や木の実を食べることは可能だけれど、それだけでは不足する栄養素が出てくる。」という意味です。

自然界では食事にありつけないことだってあるので、仮にそうなっても体内状態を一定に保てる様な体の調整能力が備わっています。

また「完全肉食動物」だからこそ「食事から摂取できる栄養素は体内で合成しなくても生きていける」ため、動物性食材にしか含まれていない様な栄養素が「必須栄養素」となっていて（ナイアシン、タウリン、ビタミンA、ビタミンB12、アラキドン酸等　詳細はP19参照）、この犬との違いから、「猫は小さな犬ではない」と表現されることもあります。

猫は慎重な生き物

引越をしたとき、引っ越し先で猫がベッドの下から一週間出てこなかった、なんていう話を耳にしたことがあるかもしれません。実は猫はかなり慎重で警戒心の強い生き物なので、一度身についた習慣をなかなか変えてくれず、変えるにしても時間がかかる生き物なのです。

これは、食習慣にも言えることで、生後半年までに口にしたものは生涯食べ物として認識しますが、それ以降に出逢った新

しい「食べ物」には、自然な警戒心が働いて、「何だこれは？おもちゃか？」というところからスタートします。ですから、新しく作った食事を食べないとしても、それは失敗でも何でも無く、正常な反応なのです。

　ですから、出したものを先に飼い主さんが食べる姿を見せると「えっ、それは食べられるの？」と、反応してくれることがあります。

　また、食事は「出して食べないならそれで結構」という姿勢で全く問題ありません。途中で根負けすると「ごねれば何とかなる」という間違ったメッセージを送ることになります。

　それと、出しっ放しにすると腐るという心配がありますが、猫は腐ったものは食べないので、心配いりません。

穀類は不要だが食べられる

　また、猫は穀類が無くとも生きていられる生物です。脳が糖質を利用するため、血糖値を維持することが非常に重要な点はヒトやイヌと同じですが、猫はタンパク質をグルコースに変換することが得意なので、わざわざ糖質を摂取しなくても生きていけます。ただこの情報がいつの間にか伝言ゲームの様に、一口でも穀類を食べたら病気になると伝わっている様です。

　また、具合が悪くなったら、食事を食べないでじっとして自力で治すので、食欲が無いときに無理に食べさせなくてもいいこともあります。

愛猫のための
症状・目的別栄養事典
CONTENTS

第1章 猫の体に効く、栄養と食事の摂り方

第2章 我が家の病気克服レシピ 15

第3章 ライフステージ別、症状・目的別レシピ 37

ライフステージ別

症状・目的別

症状・病気別

知っておきたい豆知識

【スタッフ】 調理協力／おおもりみさこ、くわはたゆきこ、今野弘子　撮影／江頭徹（講談社写真部）
装丁／吉度天晴　イラスト／藤井昌子　組版／朝日メディアインターナショナル

第1章

猫の体に効く
栄養と食事の摂り方

猫に必要な栄養素と効果

猫はベジタリアンにはなれない

猫は完全肉食動物ですから、食事から動物性食材（肉や魚）を排除して健康を維持することは困難です。

理由は、植物性の食材には含まれていなくて、動物性食材にしか含まれていない栄養素（アラキドン酸、タウリン等）が猫の必須栄養素だからです。また、β－カロテンをビタミンAに変換できないのも、肉食動物ならではでしょう。

（肉・魚）：（穀類）：（野菜）＝7：1：2から開始

人も猫も同じですが、血糖値が低下してきたら、タンパク質をアミノ酸に分解して、糖に変える「糖新生」という反応を「負担なく」できます。ですので、極端な話、穀類を摂取しなくとも生きていけます。なぜかこの話が「猫に穀類を食べさせると病気になる」という話に変化している原因の様ですが…。

これまでの経験上、動物性食材：穀類：野菜＝7：1：2から始めるのが適当なようです。

食事で摂取しなくてはいけない栄養素

1960年代、生の牛の心臓だけ食べさせていたらカルシウム欠乏症になった事例があり、「肉だけでなく、いろいろ食べて栄養バランスをとらなくちゃ」をと考え始めるきっかけとなりました。決して厳密な栄養計算をしなければいけないという話では無いのです。

また、身体には食事内容に関係なく内部環境を一定にするための調整能力が備わっています。

1日あたりの猫と犬の栄養必要量（体重1kgあたり）

猫は動物性食材にしか含まれない栄養素が必須栄養素であることと、タンパク質を糖に変える能力が高いため、タンパク質要求量が高くなります。

	猫	犬
タンパク質（g）	7.0	4.8
脂肪（g）	2.2	1.0
カルシウム（ｇ）	0.25	0.12
塩化ナトリウム（g）	0.125	0.10
鉄（mg）	2.5	0.65
ビタミンA（IU）	250	75
ビタミンD(IU)	25	8
ビタミンE(IU)	2.0	0.5

AAFCO基準から算出した成猫体重4kgあたりの1日の栄養素目安量

この数字を出すと難しそうですが、動物性食材を普通に食べていれば、普通にカバーできる量です。シラスなどの小魚やレバーを活用しましょう。

ビタミンA	400～800 IU／日
ビタミンD	40～80 IU／日
リノール酸	400～800 mg／日
リノレン酸	400～800 mg／日
アラキドン酸	20～40 mg／日
タウリン	200～400 mg／日
アルギニン	800～1200 mg／日
ナイアシン	60～8.0 mg／日

キャットフードに含まれる食品と栄養素

便利なキャットフード

キャットフードは簡単に必要な栄養が摂れるインスタントフードです。手軽で便利で保存性がバツグンに良く、酸化しやすい植物油が入っていても常温で酸化しないような工夫がなされています。キャットフードと水だけで健康に生活し、天寿を全うする猫はたくさんいます。また、キャットフードのおかげで、忙しい飼い主さんも猫のいる生活を送れるという現実があります。

猫は完全肉食動物

猫は「完全肉食動物」のため、動物性食材を丸ごと食べることを前提に体ができています。

例えば、犬の場合は、ニンジンなどの緑黄色野菜に含まれるβ-カロテンをビタミンAに変換する酵素が腸にあるため、必要に応じてビタミンAに変換しているのですが、猫はネズミなどを丸ごと食べれば摂取できる生活を長らく送ってきたので、わざわざ身体で作る必要が無かったからか、その酵素がありません。同じ様に、タウリンやアラキドン酸などを必要量合成できないということがあるため「猫はベジタリアンにはなれない」という事実があります。他にも、ナイアシン、アルギニン、ビタミンDの合成量が十分でないために「栄養要求がヒトやイヌとは違うんです！」と言われます。もちろん「丸ごと全部食べる」を実践していれば、全く問題ないのですが、なかなかそうもいかないので、忙しい方のためにフードがあります。

含まれる栄養素

　キャットフードは、水とそれだけで生涯生きていける便利なインスタント食品です。

　12ページで説明したとおり、丸ごとの鶏や魚などを家庭でも準備できれば問題ないのですが、それがなかなか難しい現状、「手軽に、かついちいち考えなくても栄養を供給できるから、フードが一番です！」ということになっております。

　また、先ほどお伝えした栄養素だけでなく、必須アミノ酸、必須脂肪酸、各種ビタミン（脂溶性、水溶性）、各種ミネラル（多量、微量）と、他にも重要な栄養素があるのですが、それらも充分量含まれています。

　また、必須脂肪酸を含む脂肪は、酸化しやすいのですが、常温で長期に渡っても酸化されないように保存できるための工夫がなされているので、熟練したヒトでなくとも、管理が出来るのも便利なのです。

　ときどき、保存料が有害なのでは？　という疑問が湧いてくる方がいらっしゃいますが、身体が処理できる程度の使用量なので、特に心配ないということになっています。

　しかし一方で、キャットフードが合わない、食べない猫がいることも事実です。そんな猫にオススメなのが、この本で紹介する手作り食なのです。

コラム　猫はタウリンに注意！の本当の所

「猫にはタウリンが重要」という話がありますが、これだけを聞くと「簡単に欠乏する」様な印象を受けますが、そんなに簡単にタウリンが欠乏するのでしょうか？　こういう情報を入手したら、元の情報を調べ、現実はどうか？　を考えてみます。

　まず、元の情報は「カゼインを主体としたフードを食べさせたら、3～12ヶ月で網膜変性になった。カゼインを卵アルブミンやラクト・アルブミン主体のフードに変えると予防効果がある。」で、現実は「野良猫が続々と網膜変性になることは無い」

　ということから、普通の肉や魚主体の食事で心配は不要と考えられます。

手づくりごはんは、栄養失調になる?

手作り食で病気になる?

手作り食というと、すぐ栄養バランスが崩れて病気になるという話に結びつける、極端な方がいらっしゃいます。でも、もし私が風邪をひいたときに、妻に「君が作った食事が悪いから風邪をひいたじゃないか!」と主張しても、受け入れられるはずもなく、妻を怒らせるだけという確信があります。つまり、病気になるかどうかは全てが食事のせいではないのです。

厳密な計算は不要な理由

よく、毎食、厳密な計算をした食事でないと健康維持は出来ないと思っている方がいらっしゃいます。それはそれでも良いのですが、おそらくその方は、猫の身体には、我々人間同様に調整能力があることをお忘れなのでは? と思うのです。

自然界では、食事にありつけたりありつけなかったりするので、充分に食べられることを前提にした体調管理システムを組んでしまうと、生きるのに不都合を生じます。自然界では何が起こるか分かりませんから、不規則でも体内環境が一定に維持できる様なシステムの方が生き延びられそうですよね。

もちろん、猫の身体には調整能力があり、三大栄養素は肉・魚を食べていればタンパク質・糖質・脂肪は必要に応じて融通されますし、ビタミンは腸内細菌が作ってくれていたり、ミネラルも、骨や筋肉などのストックがあり、毎食計算しなくても必要に応じて調整されて、充分やっていけるのです。

基本は丸ごと食べる

猫の食事の基本は、食材を丸ごと食べることです。ですから、猫の食べ物としては、牛や馬、マグロは不自然で、ネズミや鶏やイワシが自然ということになります。

しかし、もちろん食べられないわけではなく、牛肉は牛肉として食べられます。ただ、1890～1910年代の論文で「子犬やフクロウに生肉だけを食べさせていると痙攣発作や骨が柔らかくなって、数ヶ月から1年半程度で亡くなる」という報告があり、1960年代になってからも、子猫でも生の心臓肉だけ食べさせていたらカルシウム欠乏症になったという報告もあります。

このことは、だから生肉がダメだという話ではなく、「動物の一部分だけを食べるのではなく、体の全部が必要」という当たり前のことを教えてくれる話です。ですから、極端な話、シラスを丸ごと食べていれば、元素的には問題はそれほど無く、後は不足しそうな物を追加してやればいいだけなのです。しかし「シラスや煮干しは塩分が…」という作られた思い込みが邪魔をするのですが、これも実は解決済みだったりします（下のコラム参照）。これまでの情報は、肉の切り身だけを食べるため、様々な栄養素が不足になる結果を招いて、難しく聞こえていただけなんだと考えて下さい。

コラム　猫は塩分に注意！の本当の所

「猫は食事に塩分が入っていると腎臓に負担がかかる」という話がありますが、本当でしょうか？　本当ならば、塩分過剰症の報告があるはずです。

例えば、Yuらの報告では（1997）、0.01%～1%のナトリウム濃度のドライフードを食べさせると、最高濃度の１%フードに対しては嫌悪感を示したものの、他のフードと同量の摂取をし、悪影響もなかったそうです。成猫の場合、Burgerの報告によれば（1979）、1.5%濃度の食事でも異常を示さなかったそうです。海水の塩分濃度が約３%、人間の適度な塩分濃度が1.1%とすると、それほど心配するようなことではないと分かります。

キャットフードの袋に記載された原材料を確認すると、サプリメントの集合体のような聞き慣れない成分がいっぱい並んでいる。身近な食材に置き換えてみよう

成分名	含まれる身近な食品	須﨑先生流 置き換え食材
20 ヨウ素	海藻	のり
21 カリウム	肉・魚・豆	鶏肉
22 マンガン	海藻	のり
23 亜鉛	レバー	レバー
24 アミノ酸類	肉・魚	鶏肉
25 タウリン	魚介類	イカ
26 メチオニン	卵、肉、魚類	鶏肉
27 ビタミン類	緑黄色野菜	カボチャ
28 ビタミンB6	肉・魚介類・卵	シャケ
29 ビタミンB12	肉、魚介類、卵	レバー
30 ビタミンC	野菜	ブロッコリー
31 ビタミンD	イワシ、カツオ、レバー	カツオ
32 ビタミンK	シャケ、納豆	シャケ
33 コリン	豚肉、牛肉	牛レバー
34 ナイアシン	レバー、豆類	レバー
35 パントテン酸	レバー、卵	鶏卵
36 ビオチン	レバー、大豆	レバー
37 葉酸	葉もの野菜	小松菜

キャットフードの成分は身近な食材に置き換えられる！

	成分名	含まれる身近な食品	須﨑先生流 置き換え食材
1	タンパク質	肉・魚・豆	鶏肉、白身魚、納豆
2	脂質	油脂類・脂肪の多い肉 (鶏皮など)、種実	鶏皮
3	粗繊維	野菜類	ニンジン
4	粗灰分	野菜、海藻、大豆	わかめ
5	水分	水	水
6	ビタミンA	レバー	レバー
7	ビタミンE	油脂類、種実類、かぼちゃ	かぼちゃ
8	ビタミンB1	豚肉	豚肉
9	ビタミンB2	卵、肉	レバー
10	カルシウム	海藻、骨、小魚	シラス
11	リン	肉、魚	鶏肉
12	ナトリウム	肉、魚	鶏肉
13	マグネシウム	肉、魚	鶏肉
14	酵母エキス	チーズ	チーズ
15	ミネラル類	小魚、海藻	シラス
16	塩素	肉、魚	豚肉
17	コバルト	動物性食品	鶏肉
18	銅	レバー、桜エビ	レバー
19	鉄	赤身の肉	マグロ

猫に必要なエネルギーと栄養素

必須栄養素とは？

栄養素には身体で作ることが出来るものと、作ることが全く出来ないか、出来ても充分量は確保できないものがあります。後者は必ず食事から摂取しなければいけないため、必須栄養素と呼ばれます。

犬と猫には類似点がありますが、犬にはない猫特有の違いもあり、これが「完全肉食動物」といわれる所以です。よく「犬と猫は違います」といわれますが、その違いを学びましょう。

犬・猫の必須栄養素

※（太字）は猫のみ

■タンパク質、（アミノ酸）

アルギニン、ヒスチジン、イソロイシン、ロイシン、リジン、メチオニン、フェニールアラニン、スレオニン、トリプロファン、バリン、**（タウリン）**

■脂肪

リノール酸、
α-リノレン酸 **（アラキドン酸）**

■多量ミネラル

カルシウム、リン、マグネシウム、ナトリウム、カリウム、塩素

■微量ミネラル

鉄、銅、亜鉛、マンガン、セレン、ヨウ素

■脂溶性ビタミン

ビタミンA、ビタミンD、ビタミンE、**（ビタミンK）**

■水溶性ビタミン

チアミン(B1)、リボフラビン(B2)、ピリドキシン(B6)、ナイアシン(B3)、パントテン酸(B5)、コバラミン(B12)、葉酸（B9）、ビオチン(B7)、コリン

猫特有の栄養課題

課題1	β-カロテンなどのカロテノイドをビタミンAに変換できない
課題2	ビタミンDの合成量が十分ではない
課題3	トリプトファンをナイアシンに変換できない
課題4	メチオニンやシステインなどの含硫アミノ酸からタウリンを充分量合成できない
課題5	尿素回路に必要なシトルリンを合成できず、そのため、アルギニンを含まない食事を続けると死亡することがある
課題6	植物に多く、動物に少ないアラキドン酸などの長鎖不飽和脂肪酸をリノール酸から長鎖化で合成するのが得意では無い
課題7	低炭水化物食に対応した代謝能力（食べられないわけでは無いが、メインになる食材ではない）

猫のエネルギー量の目安

猫の1日当たりのエネルギー要求量は、1kgあたり以下の通りです。
あなたの猫の体重を掛けて、計算してみてください。

成猫維持期（正常）	70～90kcal
成猫維持期（不活発）	50～70kcal
妊娠期	100～140kcal
授乳期	240kcal
成長期（生後10週）	220kcal
成長期（生後20週）	160kcal
成長期（生後30週）	120kcal
成長期（生後40週）	100kcal

猫に必要な栄養素

目を守り、皮膚粘膜を強化する

ビタミンA

猫はβ-カロテンをビタミンAにできない

眼や皮膚、骨、粘膜の健康維持に大きく関与し、特に粘膜形成を正常化することで、病原体の体内侵入を防ぎ、感染症対策に。

犬は人参やカボチャに含まれるβ-カロテンをビタミンAに変換する酵素を持っていますが、猫には無いため、緑黄色野菜の摂取ではビタミンAの供給が出来ません。

ビタミンAは脂溶性ビタミンなので、食材を油で炒めると吸収率が高まります。

不足すると過剰になると

不足すると、粘膜が弱くなり、感染症にかかりやすくなります。皮膚障害や眼のトラブルも起こります。

過剰になると、急性中毒症を引き起こして嘔吐などの症状が出ますが、通常の食生活では起こりません。

ビタミンAを含む Dr.須﨑 オススメ食材

- 鶏レバー
- 豚レバー
- 牛レバー
- ウナギ
- 銀ダラ

猫に必要な栄養素

猫の必須栄養素の1つです

ナイアシン（ビタミンB3）

猫はトリプトファンからナイアシン合成できません

猫にとってナイアシン（ビタミンB3）は必須です。その理由は、犬の場合、アミノ酸のトリプトファンからナイアシンを合成できますが、猫は合成が出来ないため、必要量は食事から摂取しなければなりません。よく「家庭で作った食事を長期間にわたってペットに与えた場合にはナイアシンの欠乏症が時折見られます」と言われますが、魚やレバーを食べていれば大丈夫です。

不足すると過剰になると

猫はナイアシンが欠乏すると下痢などの症状が出て、ナイアシンを全く摂取しないと3週間程度で死亡するという報告がありますが、肉魚を食べていれば問題は無く、過剰症も通常の食事では起こりません。

ナイアシンを含む Dr.須﨑 オススメ食材

- マグロ
- カツオ
- 豚レバー
- ウシレバー
- サバ

猫に必要な栄養素

体内の酵素反応や骨格に必要不可欠

ミネラル

多量金属元素と微量金属元素

多量元素（酸素、炭素、水素、窒素）以外の生体元素で、1000kcalあたり100mg以上必要な元素を多量金属元素（カルシウム、リン、マグネシウム、ナトリウム、カリウム、塩素）といい、必要量が1000kcalあたり100mg未満の元素を微量金属元素といいます。

これらは、骨格などの成分として、または細胞内外の体液に分布し、生体酵素反応のサポート等を行います。

不足すると過剰になると

ミネラルは骨格の主要成分のため、不足すると成長不良や骨粗鬆症などの原因となります。

また、ほぼ全ての生体反応をサポートしているため、特定の症状というよりは、全身が不調になります。

ミネラルを含む Dr.須﨑 オススメ食材

・シラス
・コウナゴ
・煮干し

猫に必要な栄養素

便の状態を整えるために必要です

食物繊維

消化は出来ませんが、腸内細菌の餌になる

食物繊維はすい臓などから分泌される消化酵素で消化分解されない食物成分ですが、大腸などで腸内細菌の餌になるものと、なりにくいものがあります。

食物繊維は大腸内の細菌の餌になることで、大腸内pHを酸性にし、水分吸収を促進して便を固めたり、便のかさや湿度等を増やすなどの作用があります。

この様に、食物繊維は消化は出来ないのですが、腸内細菌の餌として、腸に作用するのです。

不足すると過剰になると

食物繊維量が少ないと、便のかさが少なくなったり、水分含有量が少なくなった結果、腸内通過時間が長くなったり、便の粘稠度に影響してきます。また、多すぎるとその逆になることがあります。

食物繊維を含む Dr.須﨑 オススメ食材

・ブロッコリー
・カボチャ
・ニンジン
・とうもろこし
・サツマイモ

猫に必要な栄養素

エネルギー産生の必須アミノ酸

イソロイシン

ケト原性と糖原性があり筋肉強化の必須アミノ酸

イソロイシンはケト原性ならびに糖原性の必須アミノ酸の1つで、タンパク質の原料にもなります。ケト原性アミノ酸とは、体内で脂肪酸→ケトン体と転換されうるアミノ酸のことで、このケトン体が筋肉や脳で使われるエネルギー源となります。ケト原性アミノ酸には、他にロイシンがあります。成長促進や神経の働きを良くしたりする効果のほか、血管拡張、肝臓機能強化、筋肉強化など幅広く活躍するアミノ酸です。

不足すると過剰になると

イソロイシンを全く含まない特殊な精製食を用いた実験によると、子猫では成長不良や体重減少、皮膚や被毛の異常等の原因になるが、後で補充すると元に戻る。一方で、過剰症の研究報告は今のところ無い。

イソロイシンを含む Dr.須﨑 オススメ食材

・かつお節
・しらす干し
・大豆
・干しのり
・若鶏むね肉

猫に必要な栄養素

筋肉発達のための必須アミノ酸

ロイシン

インスリン分泌を促進させる分枝鎖アミノ酸類の1つ

ロイシンはケト原性をもつ必須アミノ酸の1つで、タンパク質構成アミノ酸の1つです。イソロイシン、バリンとともに、その分子構造から分岐鎖アミノ酸類に分類されます。ロイシンはタンパク質の分解抑制と合成促進の調整に関与しているため、筋肉が発達することを助け、筋肉が失われないようにする性質があります。さらに、インスリンの分泌を増加させ、肝臓のグリコーゲンからのエネルギー産生を促進します。

不足すると過剰になると

ロイシンを全く含まない特殊な精製食を用いた実験によると、子猫では体重減少の原因になるが、それ以外の特徴的な症状は特に無い。また、過剰症の研究報告は今のところ無い。

ロイシンを含む Dr.須﨑 オススメ食材

・カツオ節
・しらす干し
・あまのり
・大豆
・チーズ

猫に必要な栄養素

ベジタリアンに不足するアミノ酸

リジン

コラーゲンの原料となる必須アミノ酸

リジンはケト原性をもつ必須アミノ酸の1つで、タンパク質構成アミノ酸の1つです。

米や小麦、とうもろこしなどの植物性タンパク質中の含有量が低く、動物性タンパク質の摂取量が少ない地域やベジタリアンの方には栄養学的に大きな課題となっていて、肉、魚、大豆等リジンを豊富に含む食材が必要となります。

また、リジンはヒドロキシリジンとなりコラーゲン合成に関与します。

不足すると 過剰になると

リジンを全く含まない特殊な精製食を用いた実験によると、子猫では体重減少の原因になるが、それ以外の特徴的な症状は特に無い。また、過剰症の研究報告は今のところ無い。

リジンを含む Dr.須﨑 オススメ食材

- カツオ節
- 大豆
- しらす干し
- マグロ
- はも

猫に必要な栄養素

システインの原料となるアミノ酸

メチオニン

脂質代謝や抗酸化物質の原料となる必須アミノ酸

メチオニン（システイン）は糖原性をもつ必須アミノ酸の1つで、タンパク質構成アミノ酸の1つです。

分子内に硫黄を含んでおり（含硫アミノ酸）、別のアミノ酸であるシステインや脂質代謝に関与するビタミン様物質のカルニチンの生合成やリン脂質の生成に関与する。

また、システインは抗酸化物質グルタチオンや尿中にみられる猫のフェロモンであるフェリニンの前段階物質です。

不足すると 過剰になると

メチオニンを全く含まない特殊な精製食を用いた実験によると、子猫では体重減少の原因になり、必須アミノ酸の中で最も体重減少が激しい。過剰症としては、溶血性貧血などの症状報告がある。

メチオニンを含む Dr.須﨑 オススメ食材

- カツオ節
- しらす干し
- 大豆
- ほしのり
- マグロ

猫に必要な栄養素

フェニルアラニン

神経伝達物質の原料となるアミノ酸

精神安定や甲状腺ホルモンの原料となる必須アミノ酸

　フェニルアラニン（チロシン）はケト原性と糖原性をもつ必須アミノ酸の1つで、芳香族アミノ酸の一つで、タンパク質構成アミノ酸の一つでもあります。

　フェニルアラニンは体内でチロシン→ドーパと変換され、ドーパミンやノルエピネフリン、エピネフリンといった神経伝達物質に変換され、精神面に影響し、人間ではうつ病などの病気改善効果が報告されています。さらに甲状腺ホルモンの分泌を活性化します。

不足すると過剰になると

　フェニルアラニンを全く含まない特殊な精製食を用いた実験によると、子猫では体重減少や毛の変色（黒→赤茶）や神経症状等につながることがある。過剰症としては、特に報告は無い。

フェニルアラニンを含む Dr.須﨑オススメ食材

・カツオ節
・しらす干し
・大豆
・ほしのり
・マグロ

猫に必要な栄養素

スレオニン

糖新生に関与する必須アミノ酸

酵素活性化に関与し不足すると痙攣などに

　スレオニンは糖原性をもつ必須アミノ酸の1つで、芳香族アミノ酸の一つで、タンパク質構成アミノ酸の一つでもあります。

　スレオニンはピルビン酸を経て、オキザロ酢酸になり、ホスホエノールピルビン酸になって、糖新生に用いられます。

　分子内にあるヒドロキシエチル基は、生体内酵素等のリン酸化や脱リン酸化反応に関与し、酵素やその他タンパク質の活性化のコントロールに関与します。

不足すると過剰になると

　スレオニンを全く含まない特殊な精製食を用いた実験によると、子猫では食欲低下や体重減少、身体の震え、痙攣、筋肉のこわばり、運動失調等の症状につながることがある。過剰症としては、特に報告は無い。

スレオニンを含む Dr.須﨑オススメ食材

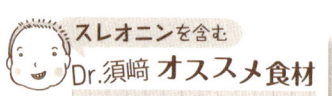

・カツオ節
・しらす干し
・大豆
・ほしのり
・鶏むね肉

猫に必要な栄養素

睡眠に関係する必須アミノ酸
トリプトファン

犬と違ってナイアシンを猫は合成できません

トリプトファンは芳香族アミノ酸に分類され、タンパク質構成アミノ酸で、糖原性とケト原性をもつ必須アミノ酸の一つです。

犬はトリプトファンからナイアシンを合成できますが、猫はトリプトファンからナイアシンを充分量合成することが出来ません。また、トリプトファンはセロトニン（体温調節や睡眠などに関与する生理活性アミン）やメラトニン（概日リズムに関与するホルモン）の前駆体として重要です。

不足すると 過剰になると

トリプトファンを全く含まない特殊な精製食を用いた実験によると、子猫では食欲低下や体重減少のみが認められた。過剰症としては、0.6%濃度の特殊な精製食を42日間食べさせたところ死亡例が1匹あった。

トリプトファンを含む Dr.須﨑 オススメ食材

・カツオ節
・しらす干し
・大豆
・ほしのり
・チーズ

猫に必要な栄養素

筋肉の維持に関与する必須アミノ酸
バリン

血中グルコース濃度と筋肉量を調節

バリンは側鎖にイソプロピル基をもち、タンパク質構成アミノ酸で、糖原性をもつ必須アミノ酸の一つです。

バリンはスクシニルCoAになり、TCA回路のオキサロ酢酸からホスホエノールピルビン酸を経て、グルコースに変換され、糖新生に用いられます。

他のアミノ酸が肝臓で代謝されるのに対して、分枝鎖アミノ酸のバリンはロイシンやイソロイシン同様、筋肉で代謝されます。

不足すると 過剰になると

バリンを全く含まない特殊な精製ドライフードを用いた研究報告によりますと、子猫では体重減少のみが認められ、他の症状の報告は現時点で存在しない。また、過剰症の研究報告も無い。

バリンを含む Dr.須﨑 オススメ食材

・カツオ節
・しらす干し
・大豆
・ほしのり
・チーズ

猫に必要な栄養素

ヒスタミンになる必須アミノ酸

ヒスチジン

血糖値コントロールや酸素の受け渡しに関与

ヒスチジンは、必須アミノ酸の1つで、タンパク質の原料でもあり、糖原性アミノ酸の1つですが、その他に、ヒスタミンやアンセリンやカルノシンといった生理活性物質の前段階物質として重要です。

ヒスチジンにはイミダゾイル基という特殊な性質を持つ部分があり、酵素活性の中心や、タンパク質分子内での水素イオンの移動に関与しており、赤血球のヘモグロビンで酸素の受け渡しにも関与している。

不足すると 過剰になると

ヒスチジンを全く含まない特殊な精製食を用いた実験によると、子猫では成長不良や体重減少の原因になるという報告がある。

しかし一方で、過剰症の研究報告は今のところ無い。

ヒスチジンを含む Dr.須﨑 オススメ食材

- かつお節
- カツオ
- マグロ
- サバ
- 鶏胸肉

猫に必要な栄養素

尿素回路に関与する必須アミノ酸

アルギニン

血糖値コントロールや肝臓での解毒に関与

アルギニンは猫の必須アミノ酸の1つです。生体に有害なアンモニアを尿素に変えて無毒化する代謝経路が、肝臓で行われている尿素回路またはオルニチン回路と呼ばれていますが、アルギニンはアルギナーゼによってオルニチンと尿素に加水分解されるという役割を担っています。

また、α-ケトグルタル酸になりクエン酸回路のオキサロ酢酸から糖新生経路に入る糖原性アミノ酸でもある。

不足すると 過剰になると

アルギニンを一切含まない特殊な精製食を用いた実験では、嘔吐、唾液過多、下痢、体重減少、食欲減退などの症状を伴う高アンモニア血症が生じた。しかし一方で、過剰症の研究報告は今のところ無い。

アルギニンを含む Dr.須﨑 オススメ食材

- 鶏ササミ肉
- 鶏胸肉
- 豚ヒレ肉
- 豚ロース肉
- マグロ

猫に必要な栄養素

猫は合成できないアミノ酸の一種

タウリン

消化や神経伝達に関与しています

タウリンはヒトでは含硫アミノ酸（システイン）から合成され、アミノ酸と表記されることがありますが、カルボキシル基をもたないためにアミノ酸ではなく、タンパク質の原料にもなりません。

猫はタウリンを合成する酵素ないため、欠乏すると中心網膜の退化や、拡張型心筋症が生じるため、猫にとっては必須の栄養素。心臓、筋肉、肝臓、腎臓、肺、脳などで消化や神経伝達に関与します。

不足すると 過剰になると

1975年、Hayesらが当時のキャットフードを食べると猫の眼が見えなくなる理由が、タウリン不足による中心網膜の退化だと報告しました。他にも心筋症の報告があります。過剰症の報告はありません。

タウリンを含む Dr.須﨑 オススメ食材

・カキ
・タコ
・エビ
・イワシ
・サンマ

猫に必要な栄養素

植物だけが作れるオメガ6脂肪酸

リノール酸

動物は合成できないから植物油は必須！

通常脂肪酸は細胞内で作られます。2個ずつ炭素をつなげていく方式で合成され、必要に応じて「脂肪酸不飽和化酵素」により二重結合を追加され、不飽和脂肪酸になります。この酵素は二重結合に出来る部位が決まっていて、端から6番目に二重結合を入れる酵素は植物にしか無いため、リノール酸は必須なのです。

不足すると 過剰になると

リノール酸などの必須不飽和脂肪酸が不足すると、皮膚の乾燥、肌つやが無い、フケ、不妊症、脂肪肝、食欲低下、体重減少などの症状が認められます。しかし、過剰の報告は今のところありません。

リノール酸を含む Dr.須﨑 オススメ食材

・ヒマワリ油
・綿実油
・コーン油
・大豆油
・ゴマ油

猫に必要な栄養素

植物の恵みを活用！オメガ3脂肪酸の元

α-リノレン酸

植物だけが作れる オメガ3脂肪酸の大元

オメガ3脂肪酸の原料となるのがα-リノレン酸で、海の食材に多く含まれています。オメガ6脂肪酸同様、オメガ3脂肪酸も動物は体内合成できないので、植物プランクトンが合成してくれたものを食べた魚とか、海藻、その他植物が原料となります。

通常、α-リノレン酸からEPAやDHAが合成されるのですが、変換効率が必ずしも良くないため、EPAやDHAも摂取した方が良いとされております。

不足すると 過剰になると

α-リノレン酸などの必須不飽和脂肪酸が不足すると、皮膚の乾燥、肌つやが無い、フケ、不妊症、脂肪肝、食欲低下、体重減少などの症状が認められます。しかし、過剰の報告は今のところありません。

リノレン酸を含む Dr.須﨑 オススメ食材

- えごま（乾）
- なたね油
- 大豆油
- マヨネーズ
- 大豆

猫に必要な栄養素

猫は合成酵素が少ないから必須脂肪酸

アラキドン酸

アラキドン酸は 動物性食材に豊富

ヒトやイヌではオメガ6脂肪酸のアラキドン酸はリノール酸（オメガ6脂肪酸）から作られるのですが、猫の場合は合成酵素の働きが十分ではなく、その結果、必要な量を自分で合成することが出来ません。

アラキドン酸は植物性食材では無く、動物性食材に含まれているため、猫が完全肉食動物の理由でもあります。

不足すると 過剰になると

アラキドン酸などの必須不飽和脂肪酸が不足すると、皮膚の乾燥、肌つやが無い、フケ、不妊症、脂肪肝、食欲低下、体重減少などの症状が認められます。しかし、過剰の報告は今のところありません。

アラキドン酸を含む Dr.須﨑 オススメ食材

- 鶏卵
- さわら
- 豚レバー
- 真サバ
- わかめ

おさらい 猫ごはんの基本

- ●動物性タンパク質がメイン
- ●水分をたっぷりと含んでいる
- ●肉類（精肉＋内臓）の割合は食材全体の50 ～ 80%
- ●野菜と穀類はその残りを等分したくらい

手づくり食で気をつけるポイント6箇条

1 タウリンは必須アミノ酸だから、動物性たんぱく質が絶対に必要！

→肉、魚を食べていれば大丈夫

2 必須脂肪酸はリノール酸、α-リノレン酸、アラキドン酸の３つ！

→補うには、植物性油と動物性脂の両方が大切

3 猫はβ-カロテンからビタミンＡを合成できない！

→ビタミンAは主にレバーに含まれている

4 猫は炭水化物消化力が犬よりも低い！

→無理して、芋や米を食べさせなくてOK

5 猫はナイアシン要求量が高い！

→鶏肉や魚（カツオやブリなど）に含まれている

6 ビタミンＢ１を分解するチアミナーゼという酵素は熱に弱い

→魚類（内臓も）、貝類、甲殻類（カニ・エビなど）は必ず加熱して食べさせる

手づくり食への移行と、水の与え方

猫の食事を変えにくい理由

自然界では、環境に適応した生物が子孫を残し、他は滅びる傾向にあります。「ちょっとしたミスが命取りになる」という淘汰の力が働くため、警戒心が強く、慎重な個体が生き残っているといわれています。

また、植物は外敵から身を守るために走って逃げることができないため、量の多少はあってもアルカロイドなどの毒物を含んでいます。この様に「天然物」は有害物質を含むことがあるため、同じものを食べ続けると中毒になる可能性があります。

この様な現実から身を守るために「口飽きする」という性質を獲得した個体が生き残ったという説があり、猫が「食べムラがある」というのは実は身を守るための自然な性質なのかもしれません。

また、生後6ヶ月までに口にしたものは生涯食べ物として認識するが、それ以外のものは食べ物として認識しないという現実もあるので、離乳期から出来るだけ沢山の食べ物を食べさせることが理想です（無理の無い範囲で）。しかし、通常は生後6ヶ月を過ぎてから手作り食を取り入れようとするため、移行に難儀する方が少なくありません。

ドライフードはその様な自然に働く警戒心のガードを外せるほどの魅力的な香りで毎日同じものを食べてくれることが多いですが、手作り食は食べ始めるまでの苦労が大変なことがあるようです。猫の場合は犬と違って、一気に変えることは難しく（できる子もいる）、徐々に変えていく事が基本となります。

手作り食への移行プログラム

日　数	今までの食事量		手作りの食事量
1～2日目	9	対	1
3～4日目	8	対	2
5～6日目	7	対	3
7～8日目	6	対	4
9～10日目	5	対	5
11～12日目	4	対	6
13～14日目	3	対	7
15～16日目	2	対	8
17～18日目	1	対	9
19～20日目	0	対	10

水分摂取のポイント

猫は乾燥地帯でも生きていけるように、体内水分のリサイクル能力が高い生き物で、中には水をあまり飲まない子もいます。それゆえ尿路結石症になりやすい宿命もあります。詳細は尿路結石症のページをご覧いただきたいのですが、猫も食事から水分を摂取出来る様にするのが自然です。

　ドライフードよりも缶詰の方が5~7倍も水分を含んでいます。また、水を飲ませたいという場合は、単に水を置いておくだけではなく、肉や魚の煮汁を置くと喜んで飲んでくれます。

切り替え時に…

これは重要なことですが、猫には体内環境を一定にしようとする働きがあります。ですから、何らかの変化が起こったら元に戻すべく変化が起こります。これは必要な変化で病気ではありません。

　例えば、食事を変えると下痢をすることがありますが、元気ならば特に心配はいりません。というのも、食べ物の質が変わったために、腸内で増殖する腸内細菌の種類が変化し、リセットの意味での下痢をしている可能性が高いからで、止める必要はありません。

猫に食べてもらう工夫

食事の移行は、徐々に変える

先にも申しましたが、猫は犬に比べると慎重な傾向のある生き物なので、急に食事を変えると「食べない」選択をすることが多いです。そうならないためには、徐々に移行するというアプローチを知っておくことは重要です（いきなり変えても大丈夫なこともあります）。焦らず、慌てず、猫のペースに合わせてください。

好みを探す

食材の種類、温度、切る大きさ、調理法（蒸す、煮る、焼く、炒める）などで、食いつきが変わることがあります。

まずは好みの種類を調べるために、皿に少量ずつ色々のせて、どれを食べるか一週間ぐらい観察し、次にどの様な調理法だと食欲が最大になるかを調べます。直径7～8ミリで、人肌程度が人気のようです。

匂いの工夫

肉を茹でると、せっかくの肉汁が湯に漏れ出るため、パサパサして美味しくないと感じることがあるようです（個体差あり）。そんなときは、同じ肉を焼いたり、炒めたりすることで喜んで食べることもあります。また「生だと喜んで食べる」子もいたり、多頭飼いだといろいろな個性があることを感じられると思います。

小皿テストで好物をみつけよう

何を食べるかは極端な話日々変わることがありますが、一応「この子はこれが好き」を把握するために、お皿にいろいろのせて、どれを食べるかを１週間程度観察します。食べた食材を中心に、調理法を考えます。

step1 どの食材を食べるかな？

うちにいた猫は甘いメロンや甘いコーンが大好物でした（それ以外を食べなかったわけではありません)。この様に、個々で食の好みがあるので、作ったのに食べてくれないを避けるためにも、プレで調査してみてください。

step2 どんな形状が好みかな？

食道を無理なく通過するサイズは、今食べているドライフードぐらいの大きさと考えて、そのぐらいの大きさにするところから始めてみましょう。大きくても食べられることが分かると、手間が少なくなります。

step3 何と一緒がいいかな？

鶏肉＋パプリカ

鶏肉＋小松菜

鶏肉＋大根

一つ一つの食材だと食べるけれども、混ざると食べないとか、混ぜると食べるということもあります。何事も調べてみましょう。

猫が好んで食べる食材

鶏肉

栄養素

タンパク質、ビタミンA、ナイアシン、鉄、亜鉛

得られる効果

動脈硬化予防、肝機能強化、皮膚や粘膜の健康維持、肥満防止、体温上昇

調理法▶生食用の肉が流通していない以上、基本は加熱ですが、生で問題なければ生も可。

豚肉

栄養素

タンパク質、ビタミンB1、ビタミンB2、鉄

得られる効果

疲労回復、体力増強、血行促進、皮膚の健康維持、貧血対策、動脈硬化予防

調理法▶トキソプラズマなどの病原性微生物がいる可能性があり、加熱して食べるべき食材

牛肉

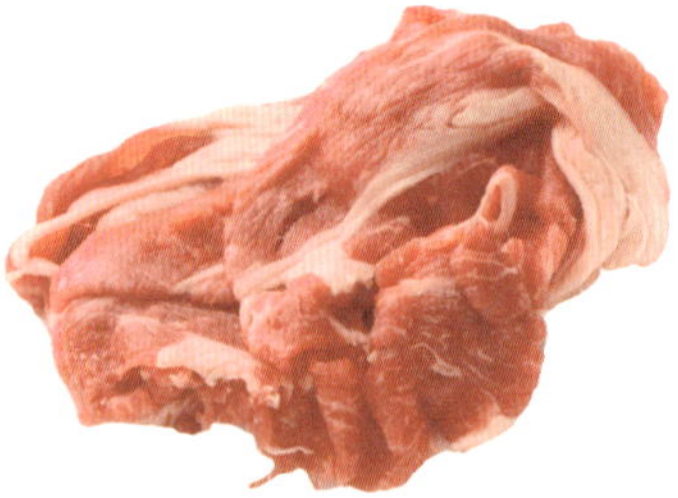

栄養素

タンパク質、ビタミンB2、コリン、鉄、亜鉛

得られる効果

成長促進、貧血対策、動脈硬化対策、皮膚の健康維持、骨強化

調理法▶低脂肪の赤身部分を活用し、生食用の肉が流通していない以上、加熱食がオススメ

内臓類

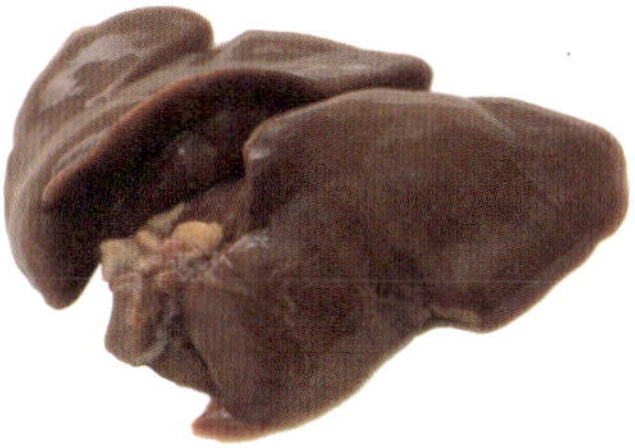

栄養素

たんぱく質、ビタミンA、ビタミンB6、鉄、亜鉛

得られる効果

肝機能強化、感染症対策、疲労回復、血行促進、貧血改善、皮膚や目の健康維持

調理法▶独特の風味が好きな子もいれば、苦手な子もいます。加熱して食べるのが安全です。

その他の肉

※ここではラム肉を紹介してます

栄養素

たんぱく質、ビタミンA、ナイアシン、鉄、カルノシン

得られる効果

貧血・冷え症の改善、貧血対策、血行促進、脂肪燃焼促進、皮膚や目の健康維持

調理法▶独特の風味が好きな子もいれば、苦手な子もいます。加熱して食べるのが安全です。

卵

栄養素

たんぱく質、ビタミンA、ビタミンB2、鉄

得られる効果

体力増強、病後の回復、皮膚や粘膜、目の健康維持、脳機能維持

調理法▶ゆで卵が安全ですが、生でも特に問題ありません（p.133）

たら

栄養素

たんぱく質、EPA、DHA、ビタミンD、ビタミンE

得られる効果

肥満防止、血行促進、肝機能の改善・強化、歯や骨の強化、糖尿病対策

調理法▶脂肪分が少ないタラはダイエット食によいので、加熱しても生でも好みの方をどうぞ。

さけ

栄養素

たんぱく質、EPA、DHA、ビタミンD、ビタミンE

得られる効果

抗炎症作用、抗酸化作用、血行促進、動脈硬化予防、早骨を強化、疲労回復

調理法▶さけをあぶってほぐすと喜んで食べる子が多いので、トッピングに便利です。

青魚

栄養素

たんぱく質、ビタミンD、ビタミンE、EPA、DHA

得られる効果

成長促進、動脈硬化予防、抗炎症、血行促進、血栓対策、骨を丈夫にする

調理法▶焼き魚の香りや、つみれ等、人間と同様に使えます。鮮度管理にご注意を！

カツオ

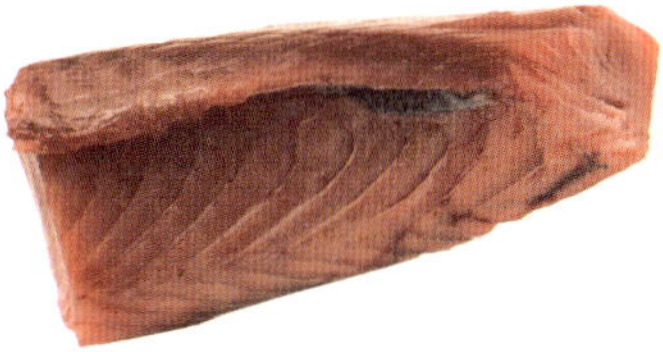

栄養素

たんぱく質、タウリン、ビタミンE、ビタミンB12、EPA、DHA

得られる効果

疲労回復、スタミナ強化、血行促進、血栓予防、歯や骨の強化、貧血予防

調理法▶人間同様、焼いても、たたきでも、刺身でも大丈夫！初ガツオに興奮する猫は多い！

マグロ

栄養素

たんぱく質、ビタミンD、EPA、DHA、鉄

得られる効果

血行促進、血栓予防、動脈硬化予防、心臓病予防、抗炎症、抗アレルギー作用

調理法▶生でも加熱でも構いません。シーチキンの缶詰が大好きな猫も多いです。

たい

栄養素

たんぱく質、タウリン、ビタミンE、ビタミンB1、EPA、DHA

得られる効果

疲労回復、スタミナ強化、血行促進、血栓予防、歯や骨の強化、貧血予防

調理法▶脂肪分が少ないたいはダイエット食によいので、加熱しても生でも好みの方をどうぞ。

かつおぶし

栄養素

たんぱく質、タウリン、ビタミンE、ビタミンB12、EPA、DHA

得られる効果

疲労回復、スタミナ強化、血行促進、血栓予防、歯や骨の強化、貧血予防

調理法▶風味付けとしてトッピングで使われます。水分が多ければ、塩分は心配なし！

にぼし

栄養素

たんぱく質、EPA、DHA、鉄、亜鉛、カルシウム

得られる効果

歯や骨の強化、精神安定、成長促進、動脈硬化対策、血行促進、血栓予防

調理法▶そのままでも、出汁を取っても構いません。ミネラルの心配は十分な水分摂取で解決

さくらえび

栄養素

たんぱく質、タウリン、カルシウム、鉄、亜鉛

得られる効果

肝機能強化、歯や骨の強化、疲労回復、精神安定、糖尿病予防、心機能強化

調理法▶乾燥したさくらエビは、トッピングにも、スープの隠し味としても重宝します。

ほたて貝柱

栄養素

たんぱく質、亜鉛、ビタミンB12、タウリン、セレン

得られる効果

肝機能強化、糖尿病予防、貧血改善、心機能強化、血中コレステロール値対策

調理法▶新鮮なものを加熱調理して食べさせます。干物は低カロリーなオヤツとして便利です

青のり

栄養素

β-カロテン、ヨウ素、亜鉛、鉄、カルシウム、食物繊維

得られる効果

歯・骨の強化、貧血予防、精神安定、甲状腺機能安定化、便秘予防

調理法▶焼きのりが大好きな猫が多く、食事にトッピングするとテンション上がる子も。

海草類

栄養素

β-カロテン、ヨウ素、亜鉛、鉄、カルシウム、食物繊維

得られる効果

歯・骨の強化、貧血予防、精神安定、甲状腺機能安定化、便秘予防

調理法▶食物繊維は消化されず便になるので、細かく刻んで煮出したスープもご活用下さい。

ブロッコリー

栄養素

食物繊維、ビタミンC、葉酸、クロム、カルシウム

得られる効果

皮膚や骨の健康維持、便秘対策、抗酸化作用、糖尿病予防、動脈硬化予防

調理法▶軽くゆでて食べさせて下さい。ブロッコリー好きな猫が多く、よく驚かれます。

コーン

栄養素

糖質、たんぱく質、ビタミンB1、ゼアキサンチン

得られる効果

皮膚、粘膜の保護、整腸、便秘対策、ガン抑制、動脈硬化対策、アレルギー対策

調理法▶ゆでて食べさせて下さい。ちなみに我が家にいた猫は甘いコーンが大好物でした。

かぼちゃ

栄養素

糖質、ビタミンC、ビタミンE、セレン、食物繊維

得られる効果

皮膚や粘膜の健康維持、便秘改善、糖尿病予防、抗酸化作用、疲労回復

調理法▶軟らかく煮ると、肉食動物なのに、喜んで食べる姿を見れるかも知れません。

にんじん

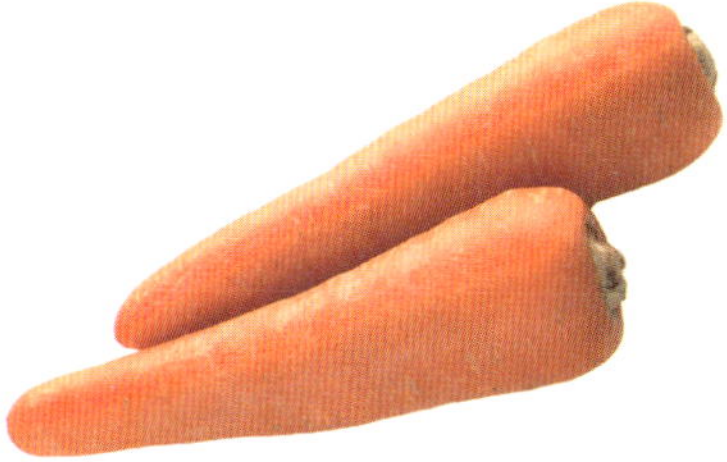

栄養素

ナイアシン、ビタミンC、リコピン、アントシアニン

得られる効果

皮膚・粘膜の健康維持、便秘改善、抗酸化作用、血行促進、体温上昇

調理法▶ゆでると柔らかく甘みが増すのですが、それが好きな猫がいます。トッピングに最適。

ゆで枝豆

栄養素

タンパク質、ナイアシン、カルシウム、鉄、サポニン

得られる効果

便秘解消、整腸作用、疲労回復、利尿効果、むくみ対策、動脈硬化予防

調理法▶ゆでて普通に食べるも良し、すりつぶしても良し、ただしお腹が張る場合は中止。

しいたけだし

栄養素

パントテン酸、ナイアシン

得られる効果

水分摂取増加

調理法▶煮干しだしや肉汁で食欲がわかないとき、なぜかしいたけだしで食欲増進することもあり。

パン

栄養素

糖質、タンパク質

得られる効果

エネルギー源

調理法▶パンが大好物な猫は珍しくありません。塩分は十分な水分があれば問題ありません。(p.15)

ごはん

栄養素

糖質、タンパク質、イノシトール、γ-オリザノール

得られる効果

エネルギー源、整腸作用、ガン抑制、動脈硬化予防、脂肪代謝促進

調理法▶主食ではありませんが、ネット上にも炊きたてのご飯を喜んで食べる猫の動画があるくらいの普通の食材です。

イモ類

栄養素

糖質、ビタミンB1、ビタミンC、食物繊維

得られる効果

皮膚・骨の健康維持、精神安定、抗ストレス作用、便秘改善、健胃健腸

調理法▶完全肉食動物である猫ですが、イモを喜ぶ猫もいます。ふかして食べさせて下さい。

油揚げ

栄養素

タンパク質、脂肪、炭水化物、カルシウム、ビタミンE

得られる効果

肝機能強化、抗酸化作用、動脈硬化予防、血中コレステロール値低下、血栓予防

調理法▶独特の風味が好きな猫が多く、汁物に追加したり、焼いて食べるも良し。

乳製品

栄養素

タンパク質、ビタミンA、カルシウム、ラクトフェリン

得られる効果

成長促進、骨・歯の健康維持、精神安定、肝機能強化、整腸、便秘改善

調理法▶成猫になったら必要はありませんが、風味が好きなら食欲増進目的で利用可能です。

植物油

栄養素

脂肪、オレイン酸、リノール酸、ビタミンE、ビタミンK

得られる効果

動脈硬化予防、骨強化、血中コレステロール値低下、糖尿病対策、便秘解消

調理法▶できあがった食事にそのままかけても良いですし、野菜炒めのように活用も可能です。

食べてもらう工夫

基本的な食材の切り方・調理法

自然界でノドにネズミが詰まらないわけ

猫がネズミや魚を食べるとき、自分で飲み込みやすいように噛みちぎって胃袋に収めます。この様に、自然界の智恵はキチンと猫に備わっていて、のどに詰まって窒息する等ということはありませんし、仮に詰まったとしたら、「生きるか死ぬかの自然界」では淘汰されたという解釈になります。

食材の切る大きさをよく質問されますが、基本的には猫自身が自分のスタイルで飲み込むので、任せて良いのですが、食道を通過する程度のだいたい直径7~8㎜で、ドライフードの直径を目安にされても良いでしょう。もちろん、ペースト状が好きな子もいます。

また、肉や魚も、生が好き、湯がいたのが好き、蒸したのが好き、焼いたのが好き、炒めたのが好き、いろいろあります。

昨日は焼いたら食べたけれども今日は生でないと食べないなど、日によって変わる子もいます。

好みの条件を探るのも、楽しみの一つです。

1日あたりの猫と犬の栄養必要量（体重1kgあたり）

	ネコ	イヌ
タンパク質（g）	7.0	4.8
脂肪（g）	2.2	1.0
カルシウム（g）	0.25	0.12
塩化ナトリウム（g）	0.125	0.10
鉄（mg）	2.5	0.65
ビタミンA（IU）	250	75
ビタミンD(IU)	25	8
ビタミンE(IU)	2.0	0.5

手づくりに役立つグッズ

食品ミル

乾燥食品を粉末状にして、栄養を丸ごと摂取したいという場合に「食品ミル」を用います。トッピング用のふりかけを作るのに飼い主さんが活用していることが多い様です。煮干しやさくらエビ、海藻、干し椎茸などを粉にするのにもってこいのツールです。

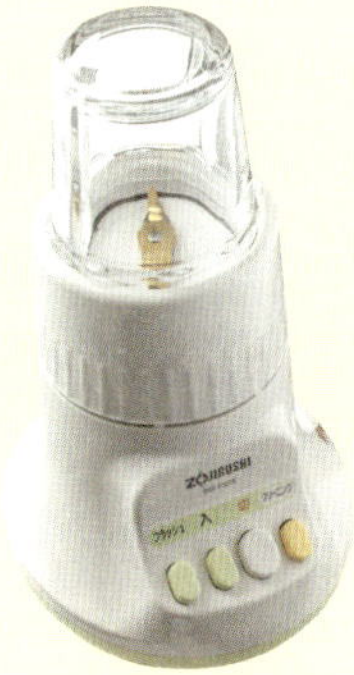

フードプロセッサー

上記の食品ミルが乾燥食品を細かくするのに対して、フードプロセッサーは水分を含んだ食材を切る、おろす、ミンチにするためのツールです。また、ミキサーは全てを細かくなめらかにしますが、フードプロセッサーは粗さ、細かさは自由自在で、便利です。

電子レンジ用圧力鍋

圧力鍋は具材を短時間でやわらかくするのに重宝。とはいえ猫ごはんは、たとえまとめて作ったとしても、一般的な圧力鍋を使うには少量すぎて少し不向き。そこで、おすすめなのが最近人気の電子レンジで使える圧力鍋。お試しを。

食べてもらう工夫

手づくりごはんの保存テクニック

「作る手間」を軽減する作り置きが便利

手抜きと表現すると、罪悪感を感じる方もいらっしゃる様ですが、「手間抜き」と考えると「合理的で、ムダのない、賢い飼い主」の様に感じるから不思議です。

この言葉は、当院を利用して下さった飼い主様から教えていただいたのですが、今でも活用させていただいております。

「『忙しいから作れない』と言うと『だったら飼うな』なんて言われるんですよ。」とお悩みの飼い主さんも、冷凍バッグ等を活用して、休日にまとめて作って保存し、その都度解凍すれば大丈夫です。

「冷凍したものを解凍したら栄養素が減るのでは？」という心配も、実際に多少は減りますが、身体に悪影響を与える程減る訳ではなく、現実的には大きな問題ではありません。

基本は一食分ずつ分けて保存し、何度も冷凍解凍しないことが重要です。また、アレンジがきくので、野菜と肉は別に分けて保存し、食べるときに混ぜる方式で取り組んでみて下さい。

製氷皿や保存袋を上手に活用

猫の一食分に必要なスープ量は犬に比べるとほんの少しなので、冷凍袋で保存するよりは、製氷皿を使った方が便利かも知れません。

また、冷凍袋も重要なツールですが、野菜と肉・魚を混ぜると、変色・変質するケースがあり、分けておく方が無難です。

また、野菜類は加熱調理してから保存するようにし、肉類は冷蔵２～３日、冷凍１ヶ月で消費するのが基本的な目安です。

基本のテクニック

材料は混ぜない!

食材に含まれる成分同士が化学反応を起こし、変色・劣化の原因になる可能性があります。基本的には、肉類、魚類、野菜類は別々に分けて、冷凍袋に入れ、空気を抜いて平らにして冷凍します。劣化の一番の原因は空気に触れることです。

野菜は加熱してから冷凍

野菜の場合は肉や魚と異なり、非加熱で急速冷凍すると、凍結中も細胞内で酵素反応等が進行し、解凍時に繊維が硬くなったり、変色して形が崩れたりします。それを防ぐために加熱処理をします。もちろん、野菜によっては加熱せずに冷凍するものもあります。

冷凍するなら1ヶ月まで

家庭用冷蔵庫は頻繁に開け閉めするため、かなり温度差が生じ、その結果、細胞膜の破壊などが起こって食材の質が落ちます。また、雑菌は冷凍で死ぬわけではないので、大増殖はしないものの、衛生面からも風味からも一ヶ月程度で食べきった方がいいでしょう。

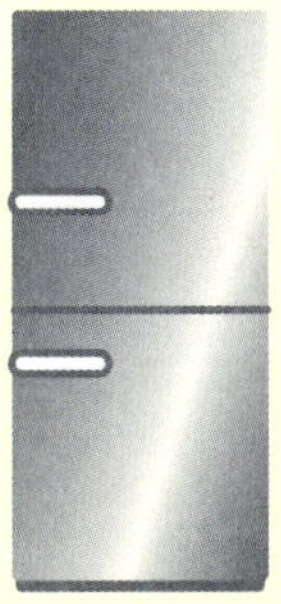

食べてもらう工夫

まずはトッピングから

成功の秘訣は少しずつ変えていく

猫は生後6ヶ月ぐらいまでの間に食べたものは食べ物として認識するけれど、その後に接したものは、正常な警戒心をもって「これは今まで喰ったことないが、はたして食べ物なのか?」というところからスタートします。

ですから、新しい食事に変えるときは「少しずつ混ぜていく」が基本です。「急いては事をし損じる」で「待つ」姿勢がとても重要です。

便利レシピ

❶ 鶏ガラスープ

【材料】

鶏ガラ　適量／水　鍋1杯

【作り方】

❶鶏ガラを軽く水洗いし、たっぷりの湯で1分ほど茹でる。

❷冷水に取り出し、鶏ガラについている内臓や血合いを取り除く。

❸鍋に水と適当な大きさに切った鶏ガラを入れ、水からゆでる。沸騰したらすぐ弱火にし、あくを取りながら1～2時間弱火で煮込む。

❹冷ました③を製氷皿で冷凍保存する。

recipe

便利レシピ

❷ ささみふりかけ

【材料】

ささみ

【作り方】

❶ささみを蒸して、冷めたらほぐす。

❷①をフライパンで煎って、フードプロセッサーにかけて粉末状にする。

❸②を密閉容器で冷凍保存する。

recipe

密閉容器で冷凍保存

トッピングするときの工夫

好物を一番上にのせる

まずは、気を引くことが非常に重要で、大好きな食材が一番上に乗っていると食べ始めることがあります。しかし、一番上だけを食べて、その下は食べないという場合は、下にも好物を混ぜて、さらに一番上にもトッピングする方式がオススメです。

生暖かくする

食欲増進の秘訣の一つが、香り付け。食べ物にマタタビの粉をかけると食欲増進になることはご存じかも知れませんし、ドライフードは飽きられないように香り付けの工夫がされています。手作り食では加熱する、焼く、炒めるなどの方法で、猫の気を引きます。

とろみをつける

猫缶はなぜあの様なとろみがあるのかというと、猫はとろみが大好きだからです。くず粉や片栗粉を使って、中華丼のようなとろみをつけても良いですし、野菜・魚・肉等の食材を柔らかく茹でて煮汁ごとミキサーでドロドロにし寒天で固めるという方法もあります。

食べてもらう工夫

基本の猫ごはん

猫には素晴らしい調整能力がある！

私たち人間同様、猫もタンパク質を糖質と脂肪に変化させることができます。糖質は脂肪に、脂肪も糖質に変化可能ですが、糖質と脂肪は窒素原子を含まないため、タンパク質には変化できません。

この事実が「猫はタンパク質があれば糖質は無くても生きていける」ことになるのですが、これが「猫に糖質を多く含む穀類を食べさせることは危険である」とか「猫に穀類を食べさせるのは負担になる」などという話につながるのはおかしな事です。

無くても生きていけることと、食べてはいけないことは別のことですし、元々食べていなかったことと、適応可能かどうかも別の話です。この様に極端な話に振り回される飼い主さんがかわいそうなので、事実をお話ししますと、猫は「雑食対応可能な肉食」ですので、基本的には何でも食べられますが、ベジタリアンにはなれないことだけ覚えておいてください。

また、左の割合にしても、ここをスタートとして、適宜増減していただいて構いません。ここでお伝えしたいことは、食事には必ず肉や魚などの動物性食材が必要だということ、犬と違ってβ-カロテンをビタミンAに変換できないなどの「犬と猫の違い」があり（P18、19参照）、栄養素は全部必要！、などを意識していただきたいと思います。

また、猫には必要な栄養を自分で調節する能力があり、生の心臓だけを3ヶ月間ずっと食べ続けるなどの極端なことをしなければ大丈夫です（P15参照）。

基本的な つくり方

手作り食＝肉魚類７：野菜類２：穀類１＋α

この割合が絶対だと思わず、適宜調整してください。もっと肉魚が多くないと食べない子もいるし、もっと野菜を食べたい猫もいます。ただ、100%ベジタリアンにはなれないし、太りすぎないように、ここをスタートラインとして下さい。

加熱食

1. ご飯を炊いておく。
2. 野菜をよく洗い、みじん切りにする。
3. 肉（魚）は一口サイズに切り、②、植物油と共に炒める。
4. ①を大さじ１杯（12g）器に入れ、③・煮干し粉をかける。
5. 全部をかき混ぜる。

たんぱく質・非加熱食

1. ご飯を炊いておく。
2. 野菜をよく洗い、みじん切りにし、植物油で炒める。
3. 肉（魚）は一口サイズに切る。
4. ①を大さじ１杯（12g）器に入れ、②・③・煮干し粉をかけ、全部をかき混ぜる。

！ お約束　人間が生で食べない食材は加熱調理すること。

［１食………70 ～ 100g　１日２食程度］

※この分量で足りない、多いなどは個体差があります。
　その子によって量の増減、食事回数の調整などしてみてください。

レシピ1

鶏ごはん

消化吸収率95%の鶏肉でごはん

【材料】

鶏肉……………………………40g
かぼちゃ………………………10g
マッシュルーム………………1g
キャベツ………………………5g
ごはん…………………………大さじ1
植物油…………………………ティースプーン4杯
煮干し粉………………………適量

【作り方】

生食・加熱食かは猫の好みに合わせて、
P51の基本レシピを参照。

レシピ2

鶏レバーごはん

ビタミンAで感染症対策！

【材料】

鶏肉……………………………30g
鶏レバー………………………10g
にんじん………………………10g
ブロッコリー…………………5g
キャベツ………………………5g
ごはん…………………………大さじ1
植物油…………………………ティースプーン4杯
煮干し粉………………………適量

【作り方】

P51の「加熱調理」基本レシピを参照。

レシピ3

鶏軟骨ごはん

時には歯ごたえのある食事も！

【材料】

鶏肉……………………………30g
鶏軟骨…………………………10g
かぼちゃ………………………10g
アスパラガス…………………10g
キャベツ………………………5g
ごはん…………………………大さじ1
植物油…………………………ティースプーン4杯
煮干し粉………………………適量

【作り方】

P51の「加熱調理」基本レシピを参照。

レシピ4

鶏ハツごはん

独特の風味が野生の心を覚醒！

【材料】

鶏肉……………………………30g
鶏ハツ…………………………10g
大根……………………………10g
小松菜…………………………10g
ごはん…………………………大さじ1
植物油…………………………ティースプーン4杯
煮干し粉………………………適量

【作り方】

P51の「加熱調理」基本レシピを参照。

レシピ5

豚ごはん

ビタミンB１で疲れにくい身体

【材料】

豚肉……………………………40g
かぶ …………………………10g
しいたけ………………………1枚
にんにく ……………………1g
ごはん…………………………大さじ1
植物油…………………………ティースプーン4杯
煮干し粉……………………適量

【作り方】

P51の「加熱調理」基本レシピを参照。

レシピ6

牛ごはん

スタミナつけて、免疫力強化！

【材料】

牛肉……………………………40g
大根……………………………10g
ブロッコリー ………………5g
キャベツ ……………………5g
ごはん…………………………大さじ1
植物油…………………………ティースプーン4杯
煮干し粉……………………適量

【作り方】

生食・加熱食かは猫の好みに合わせて、
P51の基本レシピを参照。

レシピ7

白身魚ごはん

低脂肪食材でダイエットに！

【材料】

白身魚……………………40g
にんじん…………………5g
さつまいも………………10g
オクラ……………………5g
ごはん……………………大さじ1
植物油……………………ティースプーン4杯
煮干し粉…………………適量

生食はタイを使用

加熱食はタラを使用

【作り方】

生食・加熱食かは猫の好みに合わせて、P51の基本レシピを参照。

レシピ8

鮭ごはん

鮭の風味が食欲をそそります！

【材料】

鮭…………………………40g
ブロッコリー……………5g
ジャガイモ………………10g
マッシュルーム…………5g
ごはん……………………大さじ1
植物油……………………ティースプーン4杯
煮干し粉…………………適量

【作り方】

P51の「加熱調理」基本レシピを参照。

レシピ9

アジごはん

準備中に横取りされるの注意！

【材料】

アジ……………………………40g
大根……………………………10g
キャベツ………………………5g
かぼちゃ………………………10g
ごはん…………………………大さじ1
植物油…………………………ティースプーン4杯
煮干し粉………………………適量

【作り方】

生食・加熱食かは猫の好みに合わせて、
P51の基本レシピを参照。

レシピ10

卵ごはん

必須アミノ酸摂取はこれでOK!

【材料】

ゆで卵…………………………1個
大根……………………………10g
ブロッコリー…………………5g
にんじん………………………10g
ごはん…………………………大さじ1
植物油…………………………ティースプーン4杯
煮干し粉………………………適量

【作り方】

P51の「加熱調理」基本レシピを参照。

第2章

我が家の病気克服レシピ15

尿結石症、アレルギー、膀胱炎、尿毒症、
慢性腎不全、腎臓病、心臓病、猫かぜ……ほか

Case 1

ストラバイト尿石症体質が手作り食に変えて発症無し

ゲンタ(19才・♂)

BB
(4才・♂)

ゾロ
(2才・♂)

食事の切り替えは大変でも、その後結石なし

ゲンタは子供の頃からストラバイト尿結石を2回ほどやって、医師からは「体質ですね」と言われ、療法食を食べていました。何か打開策はないかと模索した結果、食事をそれまでの療法食から手作りごはんに変えてみたのですが、それから発病しなくなりました。

猫達はカリカリがごはんだと思っていたので、当初全く受け付けず、苦労しました。

鶏肉も全くダメ。刺身など生の魚もまったくダメでした。

煮干しはおやつで食べ慣れていたので、煮干し入の出汁をカリカリにかけるところから始めました。そのうち、一緒に入っている鶏肉も食べ物と認識するようになり、ようやく食べてくれるようになるのに半年かかりました。

印象的だったのは、手作り食にしてから、目の輝きが全く変わったことです。

しかし今度は、発情の時期になると猫アクネが3匹とも酷くなってきました。そこで、須﨑動物病院のサプリメントをごはんに追加したら、3匹とも2週間程度でアクネが出なくなりました。

振り返ってみると、無理せず、じっくり待つということが大事だと感じました。

Dr.須﨑 コメント

ストラバイト結石症は、マグネシウム摂取量のコントロールが鍵といわれておりますが、実際は、過飽和防止と尿pHコントロールの方が重要で、水分と動物性食材が多い食事にして、運動ができれば、通常改善可能です。

試行錯誤の末たどりついた！　我が家の手づくり食レシピ

玄米鶏肉飯

食事回数…１日２回
１食…70 ～ 100g

●材料

- （全体量の５割）……玄米
- （全体量の４割）……鶏肉
- （残り）
  野菜粉末あるいは煮野菜、ごま、納豆、猫用乳酸菌、マジカルパウダー、亜麻仁粉、食用椿油（またはEXVオリーブ油）、味噌（しょうゆ）少々、ミネラルウォーター適量

Point
結石対策の第一課題は肉で水分摂取！

●作り方

❶鶏肉を油入のミネラルウォーターのお湯で茹でる。あとは全部混ぜる。

我が家の工夫

[食材配合比率]……野菜：鶏肉（魚）：玄米：亜麻仁粉
＝1：　4　：4.5：　0.5

[その他]………………乳酸菌を１さじ、マジカルパウダーは元気な時は半さじ、具合が悪い時は１～２杯。

[水分摂取方法]……出汁をきかせたり、しょうゆ、みそ、塩などをほんの少し入れるとスープまで残さずたべ、喰い付きが違う。ただし、品質は厳選。

[食材の形状]………19才の猫はみじん切りに。若い猫はこだわらない。

Case 2

一生治らないと言われたストラバイトも3週間で改善！

ソラ（5才・♂）

療法食に頼らなくとも飼い主に出来る事がある

2009年の9月頃、ソラ君からストラバイト結晶がたくさん出て血尿もあり、膀胱炎だと診断されました。

動物病院では「これは【体質】で一生治りませんから、必ず【療養食】をあげてください」と言われました。しかし過去の様々な経験から、薬や療養食ではなく手作りごはんに変えることに決めました。

ソラ君は手作りごはんには初めのほうから抵抗がなかったようで、割とすぐに食べてくれるようになりました。その数日後にはおしっこがじゃんじゃん出るようになり、発症後約3週間後に動物病院で検尿をしていただくと、ストラバイト結晶がすっかりなくなってきれいになっており、先生は不思議がっていらっしゃいました。

我が家は多頭飼いで、他の子達は最初はなかなか食べてくれなかったのですが、1頭、また1頭と、少しずつ食べてくれるようになりました。とても大きなポイントは、「こっちのごはんも悪くない」と思う瞬間がどの猫にもあったようで、ある時を境にして、順番に食べるようになったという感じで、諦めないことの重要性を感じました。

Dr.須﨑 コメント

猫は、生後半年までの間に何を食べるかで、その後の食生活が固定される傾向があります。身体によい悪いではなく「これは食べ物なのか？」という自然な警戒心が働くので、飼い主さんが待つ姿勢はとても重要です。

試行錯誤の末たどりついた！　我が家の手づくり食レシピ

圧力鍋のごちゃ混ぜ煮

食事回数…１日１～２回
１食…70 ～ 100g

●材料

- 鶏胸肉＋アジ……（全体量の７割）
- えりんぎ、にんじん、かぼちゃ、昆布………………（全体量の３割）
- トマト水煮缶……（煮込む水分量として適量）

Point
肉魚と野菜を圧力鍋で煮るのがポイント！

●作り方

❶肉・魚は切らず、その他の食材は大きめ（３～４ｃｍくらい）に切った状態で、圧力鍋に入れる。

❷①にトマト水煮缶を加えて、圧力鍋にかける。圧力鍋から出した後に、肉魚以外はフードプロセッサーにいれて細かくみじん切りにし、肉魚は菜箸などで1～2cm程度にほぐす。

我が家の工夫

[食材配合比率]……（魚＋鶏胸肉）：（野菜＋海藻類＋きのこ類）＝７：３

[その他]……………最後に猫缶や煮干などをトッピング

[水分摂取方法]……カツオ・昆布・干ししいたけ、きのこ類・にんじんなどを、肉・魚と一緒に煮て、おいしい出汁をとる。

[食材の形状]………フードプロセッサーを活用して少し小さめのみじん切りに（我が家では大きいと残すことが多い）

Case 3

フードで解決できなかった ストラバイト、アレルギー

ジーク（6才・♂）

手作り食であごニキビ 毛並み、アレルギーも

歯石が付きにくいという説を信じてずっとドライフードを与えていました。それなのに重症の歯肉炎になったのをきっかけに猫の食べ物について考え出しました。

半年後の2011年6月、ジークがトイレに出たり入ったりしているのを発見して病院へ連れて行きました。膀胱炎で、ストラバイトも出ていました。同じ頃に同居猫（1歳）を予防注射に連れて行った際、口の周りの赤みを「食べ物アレルギーの疑い」と指摘され、それぞれ違う療法食を勧められました。

それを機に、すでに実践している友人の勧めもあり、手作りご飯を始めました。

同居猫は手作りごはんに切り替えてから、口の周りの赤みが消えアレルギー症状は出ていません。

ジークは抗生物質の注射を2回した後は療法食を食べていました。その後、徐々に手作りごはんに変えて、ひと月ぐらいたつと、毛並みはきれいになるし、あごニキビが治り耳もきれいになりました。

歯周病によって一部の歯は抜けてしまいましたが、今は小康状態で口臭はありません。

Dr.須﨑 コメント

当院での診療経験では、結石症を繰り返す場合、尿路に何らかの炎症があることがほとんどの様です。何の理由も無く再発することはあり得ませんので、炎症の原因がどこから進入しているのか、動物病院で探ってもらって下さいね。

試行錯誤の末たどりついた! 我が家の手づくり食レシピ

生鶏のミンチペースト

食事回数…1日2回
（全量120g程度）

●材料

- 鶏胸肉……60g
- ゆでかぼちゃペースト
  …………10g
- 内臓肉(レバー、ハート、砂肝)
  …………30g
- 豆苗………10g
- 納豆………10g
- ごま………小さじ1/2
- 水…………適量

Point
ブロッコリーやにんじんなどをゆでて、ペースト状にして混ぜるのもおススメ
手づくりごはんの上にカリカリを少しトッピングしてもOK

●作り方

❶すべての材料を細かく切る。
❷①に水を少量ずつ加えておかゆ状にする。

我が家の工夫

[成猫1日分として]

[野菜]　ブロッコリー・にんじん・豆苗（生で与える）など…20～30g
[たんぱく質]　鶏肉…60g
内臓肉（レバー、ハート、砂肝）…30g
[穀類]　ときどきおかゆを10g位
[その他]　卵の殻・ごま・アーモンドなど……少々

[水分摂取方法]……手作りごはんに水を混ぜることで、すこしやわらかめのペースト状にしている。

[食材の形状]………全部ペーストにせず、かみ切れる程度の肉を残す。

Case 4

シュウ酸カルシウム結石も猫缶風手作り食で解決

小太郎(19才・♂)

18歳からでも手作り食を食べてくれた秘訣

我が家には、猫以外にチワワが30頭おります。その1匹がストラバイト結石症になったとき、療法食を一切食べず、完全手作り食にしたら改善したので猫の小太郎にも効果が期待されるかも！と思い挑戦してみました。

　小太郎は18年間ドライフードで暮らしてきたので、最初は全く口もつけてくれませんでした。私自身、かなりアバウトな性格なので「お腹が空けば食べるさ！」と、別の食事は用意せず、毎日睨めっこ状態でした。猫用の缶詰は大好きでしたので、それに似たものを作ってから食べるようになりました。

　野菜・魚・肉・海藻・ご飯・鰹節や煮干しを柔らかく炊いて煮汁ごとミキサーでドロドロにし、寒天で固め水分もシッカリ摂れるように、このレシピを基本にアレンジしました。療法食をやめて完全手作り食にして一年半たった今も再発する事なくとても元気に過ごしています。

　今現在は、毎日30匹の犬のご飯を手作りしていますので、わざわざ猫だけの為に特別に手を掛けるという訳にはいかないのが現実です。

　このレシピから我が家は犬のご飯と同じ内容に肉、魚類を増やした猫用おじやに移行成功！しました。

Dr.須﨑 コメント

　18年間ドライフードに慣れてきた猫も、手作り食に移行できたのは、飼い主さんの努力の甲斐あってだと思います。普通は手術するしか無いといわれるシュウ酸カルシウム結石を克服できたのは、他の飼い主さんの希望ですね。

試行錯誤の末たどりついた！ 我が家の手づくり食レシピ

猫缶そっくりさんご飯

食事回数…１日１～２回
１食…70 ～ 100g

●材料

・（全体量の３割）……にんじん、キャベツ、かぼちゃ、小松菜
・（全体量の２割）……鶏レバー
・（全体量の４割）……サバの水煮缶
・（全体量の１割）……ひじきの炊き込みご飯
・（その他）……………寒天

Point

移行のストレスを最小限にする猫缶風の工夫はアイデア賞！

●作り方

❶全ての具材をやわらかく煮て、冷めたら煮汁ごとミキサーにかける。
❷寒天を加えてもう一度火にかけタッパーに入れ冷やし固めたら出来上がり。
※ ３日分くらい作って冷蔵保存していました。

我が家の工夫

[食材組み合わせ]‥刻み野菜：肉：魚：穀類＝３：２：４：１
[その他]……………風味づけで塩・味噌などを少しだけ加える。
[水分摂取方法]……子猫の頃馴染んだフードは魚系だったので、かつお節やにぼしなどの出汁を活用。缶詰に近づけるため、寒天で固めたので、スープも残さず食べてくれた。
[食材の形状]………最初は寒天で固めていたが、今はどんな形状でもOK

Case 5

子猫の時から手作り食 結石を克服したスープ

ちょうすけ（4才・♂）
たん　　（4才・♂）
ケイコ　（1才・♀）

結石克服のポイントは強い心とチキンスープ

平成12年ころ、当時飼っていた猫が慢性腎不全だったため、何かいい方法はないかと探していた所、手作りご飯を作っている人がいることを知り、作り始めました。このときの経験上、次に飼う猫には最初から手作りご飯にしようと決めていました。

子猫当時は1日3回朝夕晩、半年を過ぎる頃から1日朝夕2回＋軽い夜食1回にしました。苦労といえば、気に入らず食べなかった時、残ったご飯を片づけた後にご飯を催促してくることに、負けない気力を保つことでした。そして、手作り食とドライフード半々にしていました。

そんな時に尿結晶と診断され、「手作りご飯も取り入れているのになぜ?」とショックでしたが、考えてみると、ドライフードも食べているので、手作りご飯内の水分だけでは足りないのではないか。と思い、いつものご飯に毎食手作りチキンスープをたっぷりかけ（100ccほどを目安に）つゆだくにして与え続けました。あれから6か月が経ちましたが、おしっこも順調に大量に出ていますし、言われていた結晶がつまるかもしれない症状も出ず、元気に過ごしています。

Dr.須﨑 コメント

飼い主さん曰く「食べさせる工夫は置き餌をしないことだと思います。残してもある程度の時間を見て下げ、次の食事時間がくるまでは何も食べさせせないことを徹底しました。」とのことです。愛情ある厳しさは重要ですね。

食事の移行時期を乗り越えた、我が家のレシピ

愛情チキンスープ

食事回数…１日２～３回
１食…70 ～ 100g

●材料

- 鶏むね肉…………30g
- キャベツ＋にんじん＋大根葉
  ……みじん切りにして大さじ１
- ウエットフード……適量
- ドライフード………適量

●作り方

❶鶏肉を少し多めの水から煮る。（煮たスープも使ってつゆだくにする。）
❷野菜はみじん切りにしてゆで、①を混ぜる。
❸ウェットフードに②を３：１の分量で混ぜ、ドライフードをトッピング。

Point
ドライフードをふりかけにして香り付けとして活用するのはいい方法です。

我が家の工夫

[食材組み合わせ]…
鶏胸肉　または　魚　：（野菜＋穀物）＝　6～7　：　4～3
※野菜の種類をなるべく多くを心がける

[水分摂取方法]……かつお節をふりかけて風味をよくしたり、おからやじゃがいものすりおろしを入れて、トロミを出す。

[食材の形状]………粗みじんが基本。ただしカボチャは2cm角程度を好む。にんじんはすりおろしを好む。

Case 6

ストラバイト結晶も五年半経った今も再発なし

海音(9才・♀)

舞雪(9才・♀)

夢風(8才・♀)

仕事をしていても、出来る範囲で大丈夫！

保護した当初発症し、慌ててすぐに病院へ連れて行き、注射を打ってもらいました。膀胱炎の子はそれきり発症しませんでしたが、ストラバイト結晶の子は血尿が出ました。食欲は普通にありました。

　生まれて初めての猫たちとの暮らし、ということで書店であれこれ参考になる本を探していたところ、須﨑先生の本を見つけ、やれる範囲でと始めました。（仕事をしているので）元野良だったせいか、最初はけっこうがつがつ食べていましたが、うちの子達は野菜があまり好きではないのと、魚派の子が多く（↑食材調達が難しく時々しかあげられず、実際は9割肉ごはん）食べてくれなくなる時期があったりしました。

　水分摂取の工夫としては、味噌味は好きみたいなので時々味噌味、あとはおかかだしです。

　トッピングで変化をつけてあげると飽きられずよく食べてくれるようです。

　療法食を食べさせずに完全手作り食にした最初はとても不安でしたが、五年半たった今も再発する事なくとても元気に過ごしています。

Dr.須﨑 コメント

仕事をしている方は、手作り食というとハードルが高そうですが、ご自身の食事を用意する片手間で充分です。また、野菜が好きではない猫は珍しくありませんが、人間の子供同様、ペースト状にして肉や魚と混ぜれば大丈夫！

試行錯誤の末たどりついた! 我が家の手づくり食レシピ

ホイル焼き鶏と野菜ペースト和え

食事回数…１日１回
１食…70 ～ 100g

●材料

- 鶏胸ひき肉（８～９割）…… 約100g
- レバー＋砂肝（１～２割）
- 茹で野菜ペースト（にんじん＋ブロッコリー＋ひじき）………… 大さじ２
- 白米……………………………… 少々
- 水、味噌、かつお節、べに花油……適量

●作り方

❶鶏胸ひき肉：レバー＋砂肝を８：２の割合で混ぜる。
❷①をホイルに包んでフライパンで蒸し焼きにする。
❸ゆでた野菜類はペースト状にして大さじ２杯取り置く。
❹耐熱容器に少量の水・味噌を加えてレンジで加熱。
❺器に②、③、④、少量の白米、紅花油ひとたらしを入れて混ぜ合わせ、かつお節を盛る。

我が家の工夫

[食材組み合わせ]

[茹で野菜ペースト]……大さじ２
[肉]…鶏胸ひき肉（８～９割）：レバーミンチ＋砂肝ミンチ（１～２割）
[穀類]………白米を時々
[その他]……紅花油小さじ１、出汁、サプリメント
※魚の場合は、焼いて身をほぐしてあげる。イワシやアジを与える場合が多い。

[水分摂取方法]……味噌や、かつお出汁などで風味をアップさせる
[食材の形状]………野菜は基本がペースト状

Case 7

膀胱炎、尿毒症で入退院を繰り返した

ぷう（5才・♂）

リー（5才・♂）

飼い主が苦痛に感じない様にいろいろ工夫

ぷう君は膀胱炎発症→血尿が出るように→入院→退院→膀胱炎を繰り返し→悪化→尿毒症に…

リー君は保護時から膀胱炎に似た症状→投薬しても治らず→入院→退院…

入院時は点滴とカテーテルで尿を排泄。退院後は食事を療法食へシフトと投薬をしていたのですが一時的に症状がよくなるだけで、何度も同じ症状を繰り返し。食欲はあまりなく、体重の増減が続いていました。

療法食でダメなら手づくりにしてみようと始めましたが、意外となんでも食べてくれて苦労はあまりしませんでしたが、やはり食いつきがあまり良くなかったので香りづけ等を工夫しました（飼い主が苦痛を感じない程度に）。

一頭だけ野菜類をきれいに残していたので猫缶に手づくりを混ぜる……という戦法にかえました。

あげているうちに気付いた事は、猫達もスープをたくさん飲むと調子がいいのがわかるのか、必ず汁、スープを先にたくさん飲む事でした。

肉のご飯は腹持ちがいいのか、朝の食事をあまりほしがりません。今はとても元気になりました。

Dr.須崎 コメント

生肉を連続してあげているとある日突然食べなくなる場合は、焼肉と生肉を交互にあげるそうです。コンソメやホタテスープだと、かなりの薄味でもよく飲んでくれるそうです。ゴマ油やオリーブオイルも問題ないようです。

現在よく食べている、我が家のレシピ

鶏肉と野菜のとろみ和え

食事回数…1日1～2回
1食…70～100g
※これは夕食メニューです

●材料

- 鶏胸肉……30～40g
- (キャベツ＋きのこ＋かぼちゃ)……約20g
- ごま油……5g
- [食べてくれない場合]
  ドライフード5粒、かつお節

●作り方

❶鶏肉をゆで、手でほぐし、大きめのみじん切りにした野菜と混ぜ合わせる。
❷肉をゆでた汁に水溶き片栗粉を入れてとろみをつけ、①に合わせ、ごま油をかける。
❸食べない場合は、ドライフードを5粒ほどトッピング。それでも食べない場合は、かつお節をトッピングしたり、手で食べさせるなどの工夫を。

我が家の工夫

[食材組み合わせ]

[野菜]……キャベツ＋きのこ類＋根菜類など1回約20g
[肉]………鶏・馬・カンガルー肉などを交互に約30～40g
[魚]………マグロ、鮭など焼いてほぐしたものを約30～40g
[穀類]……あまり与えない。与える場合は1匹につき約20g
[トッピング]……ごま油、出汁粉、かつお節
[その他]……おから(炒って、ティースプーン1杯程混ぜることも)

[水分摂取方法]……肉のゆで汁、コンソメやホタテスープなど。薄味でもかなり飲んでくれる。

[食材の形状]………粗みじんにし、多少歯ごたえがある形状を好む。

Case 8

2歳で慢性腎不全と診断 手作り食で4歳で安定

GAVI（9才・♀）

同じものが続くと飽きる対策、あの手この手

2歳の時に慢性腎不全と診断され、栄養計算しながら、蛋白質33%前後、リンをおさえ、オメガ3比をあげた手作り食に変更。次にBARFダイエットで動物性たんぱく質食材90%の手作り食に変更し4歳にしてようやく数値が安定し、7歳からは須﨑動物病院を受診。

同じもの（食材）が続くと飽きるのか食いつきが悪くなるので、できるだけ毎日違うものか違う調理法（鶏肉はささみの次はモモとか、砂肝とか…ゆがいたり、生にしたり、焼いてみたり）にしたり、あわせる野菜を変えたりしていました。可能な限り安全な食材を使用しました。

食材の大きさは、ゴロゴロした大きなものが好みで、手羽先や手羽元はそのままか、2、3回カットしたくらいのものにかぶりつくのが好きです。基本的に、同じものが続くとたべなくなりますが、香りの強い納豆や嗜好性が強いものでごまかします。お肉は鶏や鶉などの鳥類は続いても嫌がらずたべています。

また、旬の食材（例えば夏は鮎やウナギの白焼き）が好きです。

現在、慢性腎不全といわれた症状は安定しています。

Dr.須﨑 コメント

自然界では同じものを食べ続けると中毒になる可能性が高くなるので「口飽きする」という性質を獲得した個体が選択的に生きながらえたという説があります。ですから、自然界で生き延びる智恵が備わったエリートだと考えよう！

鶏肉が続いて飽きたときの、我が家のレシピ

ささみとレバーの納豆がけ

食事回数…１日１回150g前後、
夜はスープのみ

●材料

- ささみ、レバー
- かぼちゃ、ブロッコリー、キャベツ
- ［その他］……納豆、水

●作り方

❶水、ささみ、レバーを入れ、小なべで軽くゆでる。肉は適当な大きさにちぎる。
❷野菜はスプーンで軽くつぶし、キャベツはみじん切りにし、①の肉をゆでたスープに加える。
❸器に①、②を盛り、納豆をトッピングして必要であればサプリメントを混ぜる。

我が家の工夫

［食材組み合わせ］

［野菜］……淡色野菜、緑黄色野菜、ベビーリーフ（スプラウト）など２～３種類を入れる
［肉］………鶏胸肉約80 ～ 90g、鶏レバ＋ハツ　25 ～ 30gなど同じ動物の肉・内臓を両方使う
［魚］……青魚は焼いて、白身魚は生にする
［穀類］……あまり与えない。
［その他］……ゴートミルクやヨーグルトなど15 ～ 30g

［水分摂取方法］……人間の汁物の出汁（なければ湯）を１食20 ～ 30cc加える。水分が不足していると思うときは薄めのゴートミルクやヨーグルト、ケフィアにささみを少しトッピングして与える。

［食材の形状］………手羽先や手羽元はそのままか、２～３回カットしたくらいのものにかぶりつくのを好む。

Case 9

15歳で腎臓病と診断され試行錯誤で体重も増加！

たぁ（15才・♀）

大好きな食材で気を引き少しずつ慣れさせる

たぁが15歳の時、突然痩せて食欲が無くなり、毛づやも悪く、動物病院に連れて行ったところ、暴れて何も出来ず、ちびったオシッコを検査しただけですが、腎臓病と診断されました。ストレスがかかるといけないからということで、活性炭サプリをフードにかけていましたが、猫の手作り食本と出逢い、猫も人と同じなんだとスイッチが入り、手作り食に挑戦してみました。

いきなり始めた最初の2日間は完全無視されました。その後、地鶏のささみを蒸し、手で裂いたら「もっと！」と要求し、レバーの焼き鳥も小さくしたら食べました。しかし、野菜を混ぜて細かくして盛りつけたらまた素通り…

いろいろやった結果、皮付き焼き鮭（焼き魚が好き）やフードで気を引き、いろんなものを混ぜて、器にこんもりと盛り、水分を加えて島状にしたのが好みでした。食材の大きさは7～8㎜角くらいのみじん切りが最適でした。

手作り食にしたら、体重が増え、口臭も減りました。暴れるので病院には行けませんでしたが、活性炭サプリメントを振りかけるだけで17歳まで元気に生きました。

Dr.須﨑　コメント

トッピングするものの塩分を気にする方がいらっしゃいますが、食事全体の塩分濃度が1％程度までは全く問題ない（本当はもっと大丈夫）です。心配なようでしたら、食事療法に精通した獣医師に確認してもらってください。

風味で食欲増進！ うちの子の大好きレシピ

皮つき焼き鮭のせごはん

食事回数…１日２回
１食…90g

●材料

- [肉]……ささみ
- [魚]……皮つき鮭
- [野菜]…キャベツ
- [穀類] …炊き立てごはん

●作り方

❶フライパンに水、ささみを入れて蒸し焼きにする。ささみは手で細かくほぐす。
❷①のゆで汁に、みじん切りにしたキャベツを入れてゆでる。
❸器に①、②、炊き立てごはんを入れて混ぜ合わせ、細かく切った皮焼き鮭をトッピングする。
❹具材が半分かぶる程度に、②のゆで汁をかける。

Point
焼き鮭の香りで
水分タップリご飯も完食！

我が家の工夫

[食材配合比率]……野菜：ささみ＝２：８
[その他]……………乾いてても汁が多すぎてもダメ。
ほどよくジューシーに肉・魚を調理。
皮つきの焼き鮭トッピング

[水分摂取方法]……ささみ茹で汁などを、具材が半分頭を出す程度加える。
[食材の形状]………７～８mm角くらい。

Case 10

気がついたら心臓病の症状がなくなっていた

猫の食事について全く知識が無くても大丈夫

ビブが夜中のコホコホという咳、オシッコとウンチがきちんと出せない、過呼吸のような症状を出したので、動物病院に行ったら心臓病だといわれました。このことをきっかけに、手作り食に切り替えました。

始めは手作り食自体に全く興味を示してくれませんでした。手作り食を始めた当初は、お魚（切り身）・野菜類を出来るだけ小さく切って、それから水から煮るを繰り返していました。それと栄養面が気になったのでサプリメントやレメディをプラスして、様子を見ながら、市販のキャットフードの回数を減らしていきました。それからほぼ手作り食のみに移行しました。

一度に沢山作って、冷凍保存をしていました。そのうち諦めたのか、食べるようになっていきました。

我が家には犬もいますが、炊いたご飯の量の差以外は全く同じものをあげています。

ペースト状が大好きで、ハンドミキサーでペースト状にして、お山の形に整えると何故か食いつきがいい様です。

心臓病と思われる症状は気がついたら無くなっていました。現在は全く症状を出す事はありません。

ビブ（11才・♀）

Dr.須﨑 コメント

飼い主さんの移行期の工夫で「ドライフードやウエットフードにトッピングということはしませんでした。手作り食と交互に与えるを繰り返し、次第にドライ・ウェットフードを減らしていきました」が非常に参考になりますね。

お刺身・生肉・ご飯以外は　まとめて煮込めばOK！

マグロのせ海鮮おじや

食事回数…１日１～２回
１食…70 ～ 100g

●材料

- [魚]……マグロ、ホタテ貝柱
- [野菜・海藻類]……しいたけ、ひじき、季節の葉野菜・芋類・根菜類
- [穀類] ……炊き立てごはん
- [スープ]……栄養スープの素、昆布

●作り方

❶野菜、海藻類を適当な大きさに切り、栄養スープの素、昆布、ホタテ貝柱とともに鍋に加えて水を入れて煮込む。
❷①が冷めたらホタテを除き、ハンドミキサーでペースト状にする。
❸ホタテは手でほぐし、②、炊きたてごはんと混ぜる。
❹器に③を盛り、適当な大きさに切ったマグロをトッピングして完成。
※ たまに生肉をトッピング

我が家の工夫

[食材配合比率]……野菜：魚（肉）＝１：１

[食べさせている食材]

[野菜]……ネギ類以外（根菜、葉菜、いも類、きのこ類、海藻類）
[魚]……マグロ、ホタテ貝柱、カツオなど
[肉]……鶏肉・ささみ・軟骨・胸肉・もも肉などを生でトッピング、豚肉
[穀類]……炊いた米・麦・雑穀などを小さじ半分程度
[その他]……かつおぶし、ひきわり納豆小さじ1/4、切干大根など与えることもある

[水分摂取方法]……須﨑動物病院の栄養スープの素を好んで飲む

[食材の形状]………ペースト状

Case 11

野良猫の遺伝性心臓肥大 手作り食で薬いらずに

ちび太朗（9才・♂）

面倒くさがりな飼い主 適当ですが薬不要に！

もともと面倒を見ていた野良猫の息子で、人になついた事から飼い始めました。0歳の時に「遺伝性の心臓肥大」が発覚して薬を飲み始め、入院も数回し、担当獣医師からは、完全室内飼いを強く勧められ挑戦するも、約半年で挫折。

　更に4歳の時に腎臓病の初期状態との診断を受け、須﨑動物病院へ。手作り食の効果については半信半疑でしたが、少しでも身体が良くなる可能性があるならと開始しました。

　現在も市販のペットフードとの併用を続けています。2日分を目安に作り置きしていますが、1日で食べ切ってしまうと翌日はペットフードのみになることもあります。お恥ずかしい話ですが料理が苦手で面倒くさがり屋なので、手作り食のメニューもワンパターンです。野菜はある物を使い、分量も適当です。それでも、毎日飲んでいた薬も止めて元気に暮らしています。

　また、ちび太朗よりも、彼の母や祖母の方が手作り食を沢山食べているかも知れません。彼女たちは人間が触れないので、手作り食で健康を維持できることが非常にありがたいです。

Dr.須﨑 コメント

　本文には書ききれませんでしたが、「出来るだけ山型に盛りつけて、周りを茹で汁が取り囲む『島』状態だと食べやすいようです」とのことです。「野良猫は手作り食もよく食べる」は、自然の知恵なのかも知れません。

試行錯誤の末たどりついた！　我が家の手づくり食レシピ

デトックス酢スープ

食事回数…１日１～２回
１食…80g

●材料

- アスパラガス、ブロッコリー…（全体量の１割）
- しいたけ、ほんしめじ…（全体量の１割）
- 鶏胸肉…（全体量の５割）
- アジ…（全体量の３割）
- ［その他］……栄養スープの素、酢

●作り方

❶鶏肉、野菜、きのこ、栄養スープのもと、酢を入れて具材を煮る。
❷①から鶏肉を取り除いて、フードプロセッサーにかける。
❸焼いたアジ、鶏肉を手でほぐす
❹①を器に盛り、アジと鶏肉をトッピングする。

我が家の工夫

［食材配合比率］……野菜：きのこ：鶏肉：魚＝１：１：５：３

［食べさせている食材］

［野菜］…………トマト、ブロッコリー、アスパラガスなど家にある野菜１～２種類
［きのこ類］……まいたけ、えのきだけなど２種類以上
［肉］……………鶏胸肉
［魚］……………シコイワシ、豆アジなど
［穀類］…………嫌いなので入れない
［その他］………お酢、栄養スープの素、サプリメント、臨界水など

［水分摂取方法］……茹でる調理方法なので、自然に水分摂取量アップ。具を山型に盛り、周囲をゆで汁が囲む「島」状態が食べやすい。

［食材の形状］………食べ飽きたら、様子をみて形状を変えてみる。

Case 12

猫かぜもなんのその！フードのふりかけも活用

ノリコ（6才半・♀）

鉄則は「少量からなれさせる」

猫に肉や魚や野菜を混ぜてつくったご飯を与えている方々がいるのを、インターネットで知り、ちょっと楽しそうと思ったのがはじめのきっかけでした。その後、須﨑先生の本を知って読んでみたり、主宰されているペットアカデミーの食育入門講座を受けてみたりして、栄養のバランス神話に振り回されてあまり考えすぎたりせずに、家にあるシンプルな食材で作るごはんもいいんじゃないかと思うようになり、少しずつ進めていきました。

現在は手作りごはん100パーセントで、総合食といわれる猫缶は久しく与えていません（絶対与えないと決めてるのではないですが）。

完全に猫缶→手作りごはんに割合がひっくり返るまでは、のらりくらりと進めてましたが、半年以上かかりました。

切り替え当初は少量なら食べるとわかったので、少量から気長に始め、野菜は切るよりも潰すことで、猫缶とよく混ざる形状にしました。

ドライフードの粉末ふりかけは、粉末にすることであまり量を使わずに、でも匂いで誘えるので、神経質にならずに使えて便利でした。

今も元気に過ごしています。

Dr.須﨑 コメント

伺った情報では「あまり深いお皿にこんもり盛ると、ドライフードのかかったところだけ食べて、下の方を残す………ということになりやすかったので、薄く広く盛りつけるように工夫しました」ことがポイントだそうです。

食事の移行時期を乗り越えた、我が家のレシピ

くず練り入り猫缶メシ

●材料

・[A]………猫缶、
　　　　　くず練り（粘度濃いめ）
・野菜………（A総量の2～3割）
・鶏肉………（A総量の7～8割）

食事回数…1日1～2回
1食…70～100g

Point
あくまでも猫缶が主体。「くず練り鶏肉野菜」は手づくり食にスムーズに移行するために少しずつ加えること！

●作り方

❶火を通した野菜をミルサーでペースト状にする。
❷鶏胸肉は焼いてほぐしておく。
❸猫缶をいつもの分量よりも1～2割減らし、その分を①、②、くず練りを加えて混ぜる。

我が家の工夫

[食材配合比率]……野菜：鶏肉（魚）＝2～3：7～8

[食べさせている食材]

[野菜・海藻類]…葉野菜、根菜、イモ類、豆類、海藻類など
[鶏肉]……………胸肉、もも肉、ささみ、砂肝
[魚]………………鮭、タラ、ブリ、サンマ、アジ、イワシ
[穀類]……………基本的に入れない
[その他]……くず練りでトロミをつけて猫缶と混ぜやすく

[水分摂取方法]……なかなか食べてくれない時期は、食べなれている缶詰を湯で溶いたり、ドライフードをすりつぶして湯をかけたり、粉末だしを溶いて加えた。

[食材の形状]………缶詰を食べなれていたので、ペースト状に。

Case 13

肝臓の数値が下がって避妊手術が出来ました！

はな（5才・♀）

肝臓の薬に頼らず手作り食のみで回復！

捨て猫を保護したのですが、避妊手術の際の健康診断で、肝臓GPT値が251もあり手術ができませんでした。

手作り食のきっかけは先代の猫が糖尿病になり薬漬けの上に腹水がたまり、他たくさんの不明な症状を起こし苦しんで死んだことから。このとき、食事は療法食だったのですが、もしかしたら手作り食ならばここまで苦しまなかったのでは？　と考えました。

肝臓の薬をもらいましたが飲ませず、手作り食のみで回復を期待しました。すると、2ヵ月後の検診ではGPT251⇒100になり、無事避妊手術をすることができました。

捨て猫だったからか、最初から手作り食を食べてくれたので、食べないという悩みはありませんでした。ただ、スープでひたひたの物はあまり好きではない様でした。いろいろ試してみて、肉8：野菜2＋ハーブ、油、のバランスに落ち着きました。

肉も魚も両方よく食べ、牛肉の角切りはゆでると食べませんが焼くと喜んで食べました。飽きないように、1日置きに肉と魚を交代しました。

猫が4匹いるのですが、猫によって好みがまちまちです。

Dr.須崎 コメント

肝臓の数値が高いとき、手作り食にすることで数値が落ち着く事があります。逆に落ち着かない場合は、食事以外の問題が考えられますので、根本原因を動物病院で探ってもらってください。肝臓以外に原因があることもあります。

試行錯誤の末たどりついた！　我が家の手づくり食レシピ

しじみの茹で汁かけごはん

●材料

・鶏ささみ＋砂肝……（全体量の８割）
・かぼちゃ、さつまいも、まいたけ、小松菜……（全体量の２割）
・ネトル粉末……ひとつまみ
・オリーブ油……大さじ１
・しじみゆで汁……適量
・（トッピング）　かつおぶし……適量

食事回数…１日１～２回
１食…70g

Point
ひたひたにならない程度にしじみスープをかける。

Point
飽きないように、１日置きに鶏肉と魚を交代にした。

●作り方

❶肉、野菜は圧力鍋でやわらかくゆでる。
❷肉を一口サイズの半分程度に切る。
❸かぼちゃ、いもはつぶしてピューレ状に。その他の野菜はみじん切りにする。
❹②に③をのせ、ネトル粉末、オリーブ油、しじみゆで汁をかけ、かつおぶしをのせる。

我が家の工夫

[食材配合比率]……肉（魚）：野菜＝８：２

[食べさせている食材]

[野菜]……かぼちゃ、舞茸、小松菜などの青野菜……全部で10ｇ程度
[肉]……鶏胸肉40ｇ、レバーまたは砂肝……20ｇ
[魚]……マグロのあら・カツオなど……60ｇ程度
[その他]…オリーブ油、ごま油、亜麻仁油のいずれか……大さじ１程度
[トッピング]……かつおぶし

[水分摂取方法]……食事にしじみスープをかける。

Case 14

手作り食の割合が増えると お腹の調子が整いました

もも（7才・♂）

大好きな缶詰の販売中止 手作り食で理想の便に

常にお腹がゆるく、うんちの最後には、血の混ざった粘膜が出ていました。

手作り食を始めたのは、それまで好んで食べていた缶詰の販売が中止されたのが、直接のきっかけです。

移行期はささみに慣れてもらい、そこにキャベツが入ることに慣れてもらい、さらに、にんじんが入ることに慣れてもらい…という具合に、野菜の種類をひとつずつ増やし、さらに、その量も徐々に増やす、という方法をとりました。

開始から1ヶ月を過ぎる頃、それまで、催促に負けてあげていたドライフードを準備するのをやめ、手づくりごはん以外の物をあげるのをやめたら、こちらの想いが伝わったのか、あきらめがついたのか、手づくりごはんに慣れてくれたのか、ようやく、猫も手づくりごはんを受け入れてくれるようになりました。

手づくりごはんを口にしてくれるようになり、ドライフードを食べる量が減った2〜3日後には、お腹の調子が落ち着いてきました。

ドライフードの量が減る毎に、お腹の調子は整い、今では、お腹のゆるい子だったことが嘘のようです。

Dr.須﨑 コメント

なかなか食べてくれなかった時「ごはんを手にとり、猫の鼻先に持って行き、においをかいでもらうことを繰り返すうち、自分が食べるものだと理解してくれました」という苦労話もいただきました。やはり、子供の頃が重要です。

手づくりごはんを受け付けなかった **初期レシピ**

ささみスープ

食事回数…朝·夜１日２回

●材料

・ささみ……２本

●作り方

❶ささみを５～８mmに切って、適量の水をはった鍋でゆでる。

❷スープごと与える。

Point
猫の鼻先まで持っていって、においをかがせて食べ物だと認識してもらう。

Point
にぼしや、かつおぶしをトッピングすると食いつきがよくなる場合も

Point
無理せずに、次はこれにキャベツだけをプラスなど、少しずつその他の食材を加える。

我が家の工夫

[現在の食材配合比率]……肉：野菜＝８：２

[現在入れている食材]

[野菜・海藻]……キャベツ、にんじん、かぼちゃ、えのきだけ、わかめ（全部で20ｇ程度）

[肉]………………ささみ２本

[魚]………………マグロ100g

[その他]…オリーブ油、ごま油、亜麻仁油のいずれか（大さじ１程度）

[トッピング]……かつおぶし

[水分摂取方法]……煮干し出汁や、ささみの煮汁を使って風味よく。

[食材の形状]………肉は５～８mm程度の大きさに。
野菜はフードプロセッサーで細かく。

Case 15

子猫が過食で下痢したら手作り食を食べ始めた！

ガリ（7ヵ月・♀）

猫が野菜好きになったきっかけとは？

もともと、犬のごはんを手作りにしていました。保護した猫を飼うことになり、猫だって手作りごはんだなと思い、手作りを始めました。

移行期に、「このごはんじゃ食べられない！」と怒っている時がしばらく続きました。

一度思いっきり食べさせようと思い、猫用缶詰とごはんを混ぜて、食べるだけ食べさせたことがあります。いつもの4倍くらい食べたかと思います。そしてその後、当たり前と言えば、当たり前ですが、下痢になりました。

その後の1週間から10日くらいは、お腹が気持ち悪い時期が続いていたようで、食欲も安定しませんでした。その後は、出された食事をおいしそうに（？）食べてくれるようになりました。

現在はアスパラガス・スナップエンドウ・もやし・しめじなど味の濃い野菜が好きなようです。野菜好きになったきっかけはアスパラガスを長いまま目の前で振っていると、つい遊んでしまい、口に入れて1本丸ごと食べたのがきっかけ。その後は、野菜に抵抗感がなくなったようです。茹でたゴボウやレンコン、大根などの根菜はおやつ代わりになりました。

Dr.須﨑 コメント

このケースは病気ではありませんが、こんな形で手作り食を食べるようになることもあるというご紹介でした、「一番のお気に入りは焼のり。毎日食べても飽きない程好きなようです」という情報もいただきました！

試行錯誤の末たどりついた！ 我が家の手づくり食レシピ

カレイと野菜のやわらか煮

●**材料**
- ごはん………約20g
- カレイ………約140g
- にんじん、しめじ、キャベツ、じゃがいも
  ……………全部で40g

（トッピング）
- 焼き海苔……適量
- しらす干し…大さじ1

食事回数…子猫のとき
（頭の鉢1/2量くらいを目安に、1日4～6食）

Point
くず粉でとろみをつけてもOK！

Point
しらす干しや焼き海苔など好みの風味食材をトッピングして食欲増進。

●**作り方**
1. カレイとみじん切りにした野菜を鍋に入れ、少量の水で煮る。
2. ①とごはんをよく混ぜる。

我が家の工夫

[配合比率]…………肉（魚）：野菜：ごはん＝7：2：1

[食べさせている食材]

[肉]……鶏肉、豚肉
[魚]……イワシ、鮭、サバ、魚の水煮缶を活用する場合も
[野菜]……にんじん、じゃがいも、さつまいもなどの根菜類、キャベツや小松菜など葉野菜
[穀類]……炊いたごはん
[その他]……くず粉
[トッピング]……焼き海苔、かつお節、しらすぼし

[水分摂取方法]……肉や魚の出汁がでたスープ。まずはスープを飲んでから食べる。

[食材の形状]………子猫の時はペースト状。現在はみじんぎり。

魚を食べると黄色脂肪症になる？

噂

A 脂ののった魚ばかりでなければ大丈夫

よく「魚を食べると黄色脂肪症になると聞きました。猫に魚を食べさせて大丈夫なのでしょうか？」というご質問をお伺いします。実は、漁港や魚屋の近所の猫で、大量に魚を毎日食べない限り、黄色脂肪症にはなかなかなれません。ならないようにするためには、油の酸化を抑えるビタミンEを摂取し、毎日魚100％でなければ全く心配不要です。まずないと思いますが、魚が大好きで身体を痛がったら、ご注意ください。情報収集は正確に！

一食でも食べないと肝リピドーシスになる？

噂

A １週間くらいが目安となります

「猫は食べないと『肝リピドーシスになる』とききましたが、大丈夫でしょうか？」というご質問をよくいただきます。これは、不正確に伝わった情報をつかまされた飼い主さんが悩むパターンで、正確には「激しいデブ猫」が「１～２週間以上食べない」と、「脂肪肝になって、酷いと黄疸になる」可能性があるという話です。そうならないためには、引き締まった身体を維持する必要があり、治療に関しては獣医師の指示を必ず仰いでください。

第3章

ライフステージ別、症状・目的別レシピ37

仔猫、母猫、シニア猫、肥満、食欲不振、ノミ・ダニ、外耳炎、血便、尿路結石、腎臓病、膀胱炎、皮膚病、糖尿病、がん、肝臓病……ほか

ライフステージ別

離乳期・成長期の仔猫

生後3～8週齢の離乳期
小さな肉の塊を少しずつ

生後3～8週齢の離乳期は子猫の様子をうかがいながら「無理をしない」で食べさせることが重要です。

基本的には肉・魚を食べさせていればよく、ひき肉状態の肉をのどに詰まらない程度の大きさの肉塊にして食べさせてください。1回の食事量はお腹が胸よりちょっとだけ膨らんできたかな？ という状態までです。食べ過ぎたら吐くだけですが、ほどほどにしましょう。

生後50日～1年の成長期
徐々に食事回数が減る

離乳期が終わったあたりから、野菜や穀物を食事に取り入れていきます。肉も、ミンチ状でなくとも、細切れ程度の大きさで大丈夫になってきます。

一日の食事回数の「目安（個体差あり）」は、生後2～4ヶ月は1日4回程度、4～6ヶ月齢では1日3回程度、生後6ヶ月齢では、1日2回の食事でも大丈夫になります。この回数も決まりがあるわけではなく、個体差が大きいです。

生後6ヶ月以降は
食べたいだけ食べさせる

生後6ヶ月齢ぐらいになれば、食べたいだけ食べさせても大丈夫です。ただし、ふっくらは構いませんが、太りすぎになら無い様に注意してください。また、この時期ぐらいまでに食べたものが、「食べ物として見なす」様になるので、出来るだけ沢山の食材を経験させることをオススメします。また、猫は基本的にはちょっとずつ何度も食べる性質があります。

離乳期・生長期の仔猫に必要な栄養素

離乳期・成長期は身体を作る時期でもあり、食の好みが決定する時期でもあります。いろいろなものを食べ、沢山運動をし、丈夫な身体を作りましょう。

必要な栄養素	含まれる食材
DHA	イワシ　サバ　アジ
タンパク質	鶏肉　豚肉　卵
カルシウム	煮干し　しらす　桜えび

この食材を組み合わせて調理！

1群 動物性たんぱく質	2群 野菜	3群 穀類	+α
鶏肉　豚肉　卵 イワシ　サバ　アジ しらす　桜えび 煮干し	かぼちゃ ブロッコリー	ごはん	植物油

おすすめレシピ例

タンパク質とミネラルで
すくすく成長！

子猫すくすくごはん

〈材　料〉

鶏肉……………40g
ゆで卵…………1/2個（25g）
かぼちゃ………10g
ブロッコリー…10g
ごはん…………大さじ1
植物油…………ティースプーン４杯
煮干し粉………適量

〈作り方〉

生食・加熱食かは猫の好みに合わせて、P51の基本レシピを参照。

ライフステージ別

妊娠中・授乳中の母猫

基本的な健康管理法

猫の妊娠期間は約2ヶ月で、体重の変化が犬の場合とは違うのですが、だからといって飼い主さんが細やかに考える必要はなく、必要があれば猫の方から食事量の追加を要求してくるので、足りるか足りないかは容易に解るはずです。母猫が心身共に健康ならば、特に飼い主が心配することはありません。誰に教えてもらったわけでもないのに母猫はちゃんと子猫を産んでくれます。

よくある心配ごと

「食事量が2倍になったりしないのですが、大丈夫でしょうか？」というご質問をいただきますが、どれくらいの量が必要かはその個体個体で違うので、子猫と母猫が丈夫だったらそれで大丈夫とお考え下さい。

妊娠期に摂取栄養量が不足してお腹の子が育たないというケースはゼロではありませんが、全く食事を受け付けないのでなければ基本的には大丈夫です。

効果的な栄養素とその働きについて

妊娠期、授乳期は特に沢山の栄養素がまんべんなく必要で、基本的には肉や魚を中心として食べさせることが重要です。また、授乳中はさらに栄養もカロリーも必要で、できるだけコウナゴやシラスなど、丸ごと食べられる食材を中心として、十分な水分と一緒に食べさせたいものです。心配ならビタミン・ミネラルサプリメントの併用もご検討下さい。

妊娠中・授乳中の母猫に必要な栄養素

妊娠中は特に、全ての栄養素がまんべんなく必要です。丸ごと食べられる食材を中心に、様々な食材を食べさせて下さい。授乳中は要求に合わせれば大丈夫。

必要な栄養素	含まれる食材
DHA	イワシ　サバ　アジ
タンパク質	鶏肉　豚肉　卵
カルシウム	煮干し　しらす　桜えび

この食材を組み合わせて調理！

1群 動物性たんぱく質	2群 野菜	3群 穀類	+α
鶏肉　豚肉　卵 イワシ　サバ　アジ しらす　桜えび 煮干し	かぼちゃ にんじん	ごはん	植物油

おすすめレシピ例

いろいろな栄養素が
まんべんなく入ってる！

猫ママごはん

〈材　料〉

豚肉……………40g
ゆで卵…………1/2個（25g）
にんじん………10g
かぼちゃ………10g
ごはん…………大さじ1
植物油…………ティースプーン4杯
煮干し粉………適量

〈作り方〉

P51の「加熱調理」基本レシピを参照。

ライフステージ別

シニア猫

一律7歳から老猫とも言い切れない

猫の寿命は10～16歳程度といわれております（人間でいうと56～80歳　出典獣医師広報板平成21年度）。一般的に7歳を超えたら「老猫（シニア）用フードを食べましょう」という話があります。

しかし、私たち人間がいつから老人かには個人差があるように、12歳でも若い猫がいれば、5歳で老いた感じになる猫もいて、一概に7歳で線引きも出来ません。

運動と体重管理がシニア期の課題

人間同様、猫も歳をとるにつれて運動量や食欲が低下し、代謝も落ちて太りやすくなります。

運動量が低下すると筋肉量が減り、骨も弱くなってきます。しかし、猫に無理矢理運動させたり、食事を食べさせたりすることは出来ません。若いうちからの育て方が、老齢期にダイレクトに影響しますので、食に遊びにアクティブな猫に育てたいですね。

デブ→低カロリー食　ヤセ→高カロリー食

足腰が弱ってくるのに、太った身体は支えきれません。食事は、衰える足腰で支えられる程度の体重を維持することが重要です。かといって、少食で痩せてきている猫に食事制限をしたら筋力低下に拍車がかかります。個々で調整しないといけませんが基本は老齢で太っている→低カロリー食、老齢で痩せてきた→高カロリー食が基本。鶏皮などで調整します。

シニア猫に必要な栄養素に必要な栄養素

老齢期になると食欲が低下することがあり、それで痩せていく場合には、少食に合わせた高カロリー食が必要です。いわゆるシニア食は大食漢の老猫用です。

必要な栄養素	含まれる食材
タンパク質	鶏肉　豚肉　卵
ミネラル	煮干し　しらす　桜えび
抗酸化ビタミン	にんじん　かぼちゃ　ブロッコリー

この食材を組み合わせて調理！

1群 動物性たんぱく質	2群 野菜	3群 穀類	+α
鶏肉　豚肉　卵 桜えび　しらす 煮干し	にんじん かぼちゃ ブロッコリー	さつまいも ごはん	豆腐 植物油

おすすめレシピ例

鶏皮などの脂肪の量で
カロリー調節!

シニアごはん

〈材　料〉

鶏肉……………30g
豆腐……………10g
さつまいも……10g
にんじん………10g
ごはん…………大さじ1
植物油…………ティースプーン4杯
煮干し粉………適量

〈作り方〉

生食・加熱食かは猫の好みに合わせて、P51の基本レシピを参照。

症状・目的別

肥満

基本的な健康管理法

昔「オヨネコぶーにゃん」という太ったサツマイモ好きの黄色い猫のアニメがありましたが、太った猫はかわいいものです。

しかし現実世界では、この下で話しますが、太った猫は様々な障害やハンディを背負う可能性があり、運動量（消費量）にみあった食事量管理が非常に重要です。猫はなかなか習慣を変えませんから、若いときからの習慣化が重要です。

よくある心配事

太ると何が問題かというと、まず、体重が重くなると人間同様、膝関節、血中脂質濃度、動脈硬化などの影響が懸念されます。また、麻酔が効きにくく醒めにくいということも大きな問題です。これは、麻酔は脂肪に溶け込むため、脂肪量が多いと先に麻酔薬が脂肪に飽和するまで効きにくく、逆に醒めるときは脂肪から抜けきらないと醒めにくいからです。

効果的な栄養素とその働きについて

よく「痩せるために何を食べたらいいのか？」というご質問をいただきますが、その質問の方向性は適切ではなく、お話ししてきたように、

●食事量を適度に減らす
●運動量を増やす

などで、筋肉量を増やして太りにくい体質を作る必要があります。そのためには、筋肉の原料の肉や魚を食べることに「加えて」運動量が大きく影響します。食事より運動なのです！

肥満な猫に必要な栄養素

一番大事なのは運動ですが、脂肪燃焼効率を高めるためのビタミンB1、ビタミンB2とビタミンをサポートするミネラルを摂取し、引き締まった身体を！

必要な栄養素	含まれる食材
ビタミンＢ１	豚ヒレ肉　豚モモ肉　豚ロース
ビタミンＢ２	レバー　ハツ　焼きのり
ミネラル	煮干し　しらす　桜えび

この食材を組み合わせて調理！

1群 動物性たんぱく質	2群 野菜・海藻	3群 穀類	＋α
豚ヒレ肉　豚モモ肉 豚ロース　レバー ハツ　白身魚　しらす 桜エビ　煮干し	大根 焼きのり	ごはん さつまいも	おから 植物油

おすすめレシピ例

低カロリーな白身魚で
ダイエットをサポート！

ダイエットごはん

〈材　料〉

白身魚…………40g
大根……………10g
おから…………10g
さつまいも……10g
植物油…………ティースプーン4杯
煮干し粉………適量

〈作り方〉

生食（タイ）・加熱食（銀ダラ）かは猫の好みに合わせて、P51の基本レシピを参照。

症状・目的別

痩せすぎ、食欲不振、嘔吐

基本的な健康管理法

　痩せすぎや食欲不振、嘔吐は、食べさえすればいい、止まりさえすればいいというわけではなく、なぜそうなっているのか？　の原因追及と原因排除が極めて重要です。

　痩せすぎ問題は、元気であればまず良しとし、元気がないなら原因を追及しなければなりません。

　また、食べないから痩せるなら、食べれば解決するのですが、食べても痩せるならば、体内に感染症や腫瘍など何かエネルギーを消耗することが起こっている可能性があるので、動物病院で検査を受けて下さい。

　その食欲が無い場合ですが、消化器に炎症等の不具合があって、その結果気持ち悪いなどが理由で食欲が無くなることがあります。この場合は、「この状態では食べられない」ので、「何だったら食べますか?」ではなく、早急に動物病院で「何が原因で食欲が無いのか?」を調べてもらって下さい。原因なく食欲が無いことは絶対になく、必ず原因があります。

　ワガママで食べないという場合は、「食べないなら食べないで結構」というスタンスで頑張ってみましょう。

　また、早朝など空腹だと胃液を嘔吐する子がいますが、ちょっと胃にものを入れると吐かなくなります。「しかし」この場合も必ず原因が内臓等にあるはずですので、吐き気だけ止めると徐々に深刻な状態になりかねません。特に1～2時間ごとに嘔吐する場合は、重症なことがありますので、早急に動物病院で検査をしてもらって下さい。

痩せすぎ、食欲不振、嘔吐に必要な栄養素

腸の粘膜細胞は食事からダイレクトに栄養供給を受けています。衰弱しては元も子もないので、風味づけに工夫をして食欲増進につなげましょう。

必要な栄養素	含まれる食材
動物性食材	鶏肉　豚肉　卵
ビタミン	かぼちゃ　ブロッコリー　にんじん
ミネラル	煮干し　しらす　桜えび

この食材を組み合わせて調理！

1群 動物性たんぱく質	2群 野菜	3群 穀類	+α
鶏肉　豚肉　ラム肉 卵　しらす　桜えび、 煮干し	かぼちゃ ブロッコリー にんじん	ごはん	植物油

おすすめレシピ例

ラム肉の風味で
食欲増進!

元気回復ごはん

加熱食

〈材　料〉

ラム肉…………40g
ゆで卵…………1/2個（25g）
かぼちゃ………10g
ブロッコリー…10g
ごはん…………大さじ1
植物油…………ティースプーン4杯
煮干し粉………適量

〈作り方〉

P51の「加熱調理」基本レシピ参照。

症状・目的別

ノミ・ダニ

基本的な健康管理法

猫はグルーミングをする習慣があるので、体臭もほとんど気にならず、健康な子には虫は居座りにくいものです。

しかし、体調不良でグルーミングが出来なかったりすると、体臭が変化するからか、虫がよってくることがあるようです。

また、歯石や歯肉炎、歯周病などで口臭がひどくて、その唾液でグルーミング→虫が居座るということもあるので口内ケアは重要です。

よくある心配事

猫自身がノミやダニに寄生されて皮膚炎を起こすことは大変ですが、部屋にノミ・ダニの量が増え、同居動物や飼い主さんまで被害を受けることも問題です。

この場合、ノミ・ダニがよってきた原因を追及することが重要です。時に体調不良が原因で、ノミ・ダニが付着することがあります。早急に対処していただくことが重要です。特に外出する猫は、要注意です。

効果的な栄養素とその働きについて

ニンニクの香りにはノミやダニに対する忌避効果があるといわれております。大量に食べる必要はありませんが、1／4〜1／2片くらいは摺り下ろして食事に混ぜるぐらいは大丈夫のようです。

また、ニームというハーブエキスを身体や寝床に噴霧して使用することもオススメです。この忌避効果のあるハーブエキスは、なめても平気なので安心して使用できます。

ノミ・ダニがいる猫に必要な栄養素

口内ケアやニームなどのハーブの力に加えて、にんにくの香りの力も借りれば、ついた虫も逃げ出していくでしょう。

必要な栄養素	含まれる食材
動物性食材	鶏肉　豚肉　卵
ビタミン	かぼちゃ　ブロッコリー　にんじん
ミネラル	煮干し　しらす　桜えび

この食材を組み合わせて調理！

1群 動物性たんぱく質	2群 野菜	3群 穀類	+α
鶏肉　豚肉　卵　鮭 しらす　桜えび 煮干し	大根	ごはん	にんにく 植物油

おすすめレシピ例

にんにくの香りの力で
ノミやダニも退散！

虫よけごはん

〈材　料〉

鮭……………………40g
大根………………10g
大根葉……………5g
にんにく…………1g
ごはん……………大さじ1
植物油……………ティースプーン4杯
煮干し粉…………適量

〈作り方〉

P51の「加熱調理」基本レシピ参照。

症状・目的別

外耳炎

基本的な健康管理法

耳の中を清潔に保つことが非常に大切なので、耳掃除は重要なポイントとなります。ただし、一気にキレイにしよう、完璧にキレイにしようと思うあまり、強くこすりすぎると、耳のバリア機能が低下し、そこから菌やカビが侵入し、症状が悪化する可能性がありますので、無理せず気楽に取り組んで下さい。とにかく嫌がられない程度でやめておくことが重要です。

よくある心配事

耳の洗浄を無理にしすぎて腫れてしまい、耳の穴が詰まってしまって、洗浄すら出来なくなったケースをよくみます。何事もほどほどが肝心です。

また、洗浄はしっかりしているのに、炎症が落ち着かない場合、身体のどこかに不調があって、その影響が耳に出ているのかも知れないので、動物病院で全身をチェックしてもらって下さい。

効果的な栄養素とその働きについて

外耳炎の改善に役立つ特別な栄養素はありませんが、皮膚を丈夫にする目的で、ビタミンＡやビタミンＣを積極的に摂取することはいいかもしれません。また、抗炎症作用を期待してオメガ3脂肪酸のＥＰＡやＤＨＡを積極的に摂取するのも良いでしょう。

しかし、炎症は、侵入した異物を排除するために必要なことが起こっているので、安易に止めない方がいいでしょう。

外耳炎に必要な栄養素

ビタミンAやビタミンCで皮膚を丈夫にし、抗炎症作用を期待してオメガ３脂肪酸のＥＰＡやＤＨＡを摂取することがオススメです。

必要な栄養素	含まれる食材
オメガ３脂肪酸	イワシ　サバ　アジ
ビタミンA	鶏レバー　豚レバー　銀ダラ
ビタミンC	パプリカ　ブロッコリー　カリフラワー

この食材を組み合わせて調理！

1群 動物性たんぱく質	2群 野菜	3群 穀類	+α
イワシ　サバ　アジ 銀ダラ　鶏レバー 豚レバー　卵　煮干し	大根　にんじん パプリカ ブロッコリー カリフラワー	ごはん	植物油

おすすめレシピ例

ビタミンAやビタミンCで
耳の皮膚を健康に！

外耳炎回復ごはん

〈材　料〉

ゆで卵…………1/2個（25g）
鶏レバー………10g
大根……………10g
ブロッコリー…5g
にんじん………10g
ごはん…………大さじ1
植物油…………ティースプーン4杯
煮干し粉………適量

〈作り方〉

P51の「加熱調理」基本レシピ参照。

症状・目的別

下痢・便秘・血便

基本的な健康管理法

下痢・血便を止める目的で薬を使い、それで安心する方がいらっしゃいますが、そうなる理由も探って排除しないと、再発を繰り返す可能性があります。

また、便秘も、食事の質の問題もありますが、食事以外にも運動や腸内細菌状態、神経系の問題や、他臓器のトラブルなどもあるかもしれません。たかが便秘とあなどらず、なぜ腸の運動が適切でないのかを探る必要があります。

よくある心配事

水のような下痢が続くと、体内の水分や電解質量が不足し、生命の危機に瀕することがありますから、この場合は一旦下痢止めが必要です。

便秘が長期に渡ると、腸内で生じたガスが腸から吸収され、血液で全身に運ばれ、その結果として口臭が異臭を放つことがあります。

血便の原因が腸内腫瘍ということもありますので、迷わず検査をしてもらって下さい。

効果的な栄養素とその働きについて

腸の動きに関係する要因として、食べ物、腸内細菌、神経、ホルモン分泌などがあります。肉や魚の魅力は残しつつ、食事の食物繊維含有量を増やしてみて、腸の動きが正常化しない場合は、腸の動きが正常でない原因を探りましょう。また、乳酸菌を摂取させるなど、腸内細菌状態を安定させるだけで、状態が改善することもあるので試す価値はありです。

下痢、便秘、血便に必要な栄養素

腸の動きを正常化させるために、腸内細菌のエサでもある食物繊維をふやしてみましょう。もちろん、食事の魅力を維持するために肉や魚もお忘れ無く！

必要な栄養素	含まれる食材
動物性食材	鶏肉　豚肉　卵
ビタミンA	鶏レバー　豚レバー　銀ダラ
食物繊維	コーン　おから　かぼちゃ

この食材を組み合わせて調理！

1群 動物性たんぱく質	2群 野菜	3群 穀類	+α
鶏肉　豚肉　卵 鶏レバー　豚レバー 銀ダラ　煮干し	にんじん かぼちゃ コーン	里芋　ごはん	植物油 おから

おすすめレシピ例

肉と魚は減らさずに、甘めの野菜で便通改善！

下痢・嘔吐回復ごはん

〈材　料〉

鶏肉……………40g
おから…………10g
さといも………10g
にんじん………10g
ごはん…………大さじ1
植物油…………ティースプーン4杯
煮干し粉………適量

〈作り方〉

生食・加熱食かは猫の好みに合わせて、P51の基本レシピを参照。

症状・病気別

尿路結石・腎臓病

症状

猫ではとても多い疾患の一つです。

猫が何度もトイレに行く、オシッコをするときに変な姿勢をしている様に見える（痛みがある）、トイレから出てくるまで時間がかかる、出てきたのにオシッコの量が少ないか、出ていない、血尿が出る、オシッコにキラキラするものが混じっている、部屋の中をうろうろ歩き回り、いつもは鳴かないのに大きな声で鳴く、陰部を舐める、元気が無い、食欲が無い、酷い場合は、白く濁った粘液質のものが出ている…。といった場合は、膀胱炎や尿路結石症の可能性があります。

膀胱等で出来た結石が、尿道に詰まると尿が排泄できなくなり、その結果、排尿が出来ないと48～72時間で尿毒症となり、生命の危機に瀕することがあります。この様に、本来排泄されるべき老廃物や電解質などが排泄できない状態が続くと、尿毒症という状態になります。尿毒症になると、口臭が強い、食欲不振、元気が無くなる、よく眠る、下痢、口内炎になるなどの症状が出てきます。

また、多飲多尿、貧血、嘔吐、被毛の劣化、眠る時間が長くなる、ふらつきながら歩く、などの明らかに普段と違う雰囲気を感じたら、血液検査をするとクレアチニンの値が高い場合があり、腎不全と診断されることがあります。

しかし、腎機能はかなり傷害されなければ症状は出ないので、症状が出た頃にはもう手遅れなことがほとんどです。そういう意味で、定期的な検診を受けることは重要です。

原因

ストラバイト結石症では、尿がマグネシウムイオン、アンモニウムイオン、リン酸イオンで過飽和（解けきれない）しています。ですから、水分を充分に摂取することで結石になることを予防できます。

ストラバイト尿石症の原因は大きく2つあるとされており、1つは感染症が原因の、尿路感染性ストラバイト尿石症、もう一つは感染は関係なく食事等が原因だとされている、無菌性ストラバイト尿石症（尿pHや遺伝等が原因とされる）です。

感染が原因の場合は、尿をアルカリ性にする成分を出す菌が尿路にいることが問題で食事は関係ありません。

ウレアーゼ（尿素を二酸化炭素とアンモニアに分解する酵素）を放出する菌（プロテウス、クレブシェラ、黄色ブドウ球菌等）が尿路に感染し、アンモニアを放出するために尿がpH7・5以上とアルカリ性に傾き、その結果、ストラバイト結晶が生じるとされています。

細菌感染が関係ない場合は、食事の成分や遺伝的要因が原因で、尿のpHがアルカリ性になることが問題だとされています。しかし、ウイルスや寄生虫などの感染があるかもしれません。

尿は動物性食材を食べると酸性尿、植物性食材を食べるとアルカリ尿が出る傾向があり、動物性食材を中心に食べることが推奨されます。

Dr.須﨑 ワンポイントアドバイス

マグネシウムが多いから煮干しはダメ？

マグネシウム摂取量を少なくしようという情報がありますが、ドライフードとして酸化マグネシウムを現在の上限基準の1.5～2倍もの量を加えたらストラバイト結晶になったという話です。まず、マグネシウムは、全ての細胞に含まれており、どんな食材にも含まれております。また、通常の食生活でこのマグネシウム量は食事量の50%を煮干しだけにしたら可能な量です。しかし、尿を酸性化したら大丈夫なのです。

動物病院での一般的な治療法

原因によって治療は変わってきます。

感染性のストラバイト尿石症の場合は、感受性テストで有効な抗生物質を選択した上で、薬物治療を行います。この薬物の試用期間は、結石がある場合は石が消えるまで行います。理由は、結石の中に菌が含まれているため、結石が溶け出すと、その中に捕捉されていた菌が膀胱内に出てくるからです。ですから、長期に渡る服用をすることになります。

無菌性の場合は、療法食を食べることが重要とされています。尿のpHがアルカリ性になるから結石が出来るので、尿を酸性にする物質を含むフードを食べれば溶けるという考え方です。以前は食事中のマグネシウム量が原因だとされてきましたが、現在は、尿pHコントロールの方が重要とされています。

シュウ酸カルシウム尿石症の場合は、ストラバイト尿石症の場合とは逆で、尿のpHをアルカリ性にすることが重要とされております。シュウ酸カルシウム結石を溶かす薬物は今のところありません。

腎臓病の場合は、療法食や活性炭の摂取、皮下輸液、必要に応じた薬物療法が治療の柱となります。基本的には根治が難しいので、対症療法が中心になります。

須﨑先生おすすめの自宅でのケア方法

悪化を防ぐという意味では、尿路に感染が広がらないために、口内ケアをすることがオススメです。

歯周病菌は、歯肉溝から歯根部に行き、歯根部から血液リンパを介して全身に広がる可能性があります。血液のフィルターでもある腎臓は、歯周病菌の影響を受けたり、結石の原因になったりする可能性があります。

特に口臭が気になる場合は、愛情を持って口内ケアをお願いいたします。病気と診断されてから始めるのでは遅いので、何も無いうちから「正しい口内ケア」を習慣化して下さい。

食事による改善方法

尿結石症はどのタイプも、摂取水分量を充分に増やすことが基本です（薄い尿に溶ける）。

ストラバイト尿石症の場合、リスクが高まるマグネシウムの摂取量とされる、1.0g Mg／kg Diet，DM basis／日のマグネシウム量を手作り食で摂取することは困難なので特に心配は不要です。尿のpHを酸性にするためには、動物性食材を主体に摂取します。

腎臓病の場合は、低タンパク質食と言われる理由は、検査数値のコントロールのためで、対症療法的理由です。しかし、それで楽になるならば、そうした方がいいと思います。

効果的な栄養素が含まれる食材

腎臓は、体液のpHを7.4前後で維持するために、体内で生じた代謝産物などを水で薄めて排泄してくれる臓器です。ですから、食べた食事内容や体内の活動に応じて、尿が酸性に傾いたり、アルカリ性に傾いたりするのが普通で自然な変化です。その尿のpHを一定にするという考え方は、症状を消すという目的では合理的かも知れませんが、腎機能の本質を考えた場合、不自然かもしれません。

お湯に塩を溶かしていくと、最初のうちは溶けていくのですが、ある量を超えると飽和状態になって溶けなくなります。結石症はこれと同じ原理ですので、水分量が多ければ、結晶になりにくいので、摂取水分量を増やすことが非常に重要です。

また、肉や魚を食べると、動物性食材に含まれるメチオニンやタウリンなどの含硫アミノ酸の代謝過程で水素イオンを生じ、その結果尿が酸性になります。ストラバイト結晶は酸性尿に溶けるので、pH6.1〜6.6の範囲でコントロールすることが推奨されます。

一方、シュウ酸カルシウムは、水には溶けないとされており、貯まらないように排尿して洗い流すことが重要です。

いずれの場合も、結石などの物理的な刺激が膀胱を刺激することもあるので、ビタミンA、ビタミンCといった、粘膜保護の栄養素もオススメです。

尿路結石・腎臓病に必要な栄養素

動物性食材摂取で尿のpHを適性に維持し、摂取水分量を増やし、尿結晶ができないようにする。ビタミンAで粘膜保護、オメガ3脂肪酸で抗炎症効果を期待！

必要な栄養素	含まれる食材
動物性食材	鶏肉　豚肉　卵
ビタミンA	鶏レバー　豚レバー　銀ダラ
オメガ3脂肪酸	イワシ　サバ　アジ

この食材を組み合わせて調理！

1群 動物性たんぱく質	2群 野菜	3群 穀類	+α
鶏肉　豚肉　鶏レバー 豚レバー　卵　銀ダラ イワシ　サバ　アジ 煮干し	レタス キャベツ キュウリ 大根　トマト	じゃがいも ごはん	植物油

おすすめレシピ例

動物性食材で
尿pHを弱酸性に維持

結石回復ごはん(1)

〈材　料〉

イワシ…………40g
ジャガイモ……10g
レタス…………10g
ごはん…………大さじ1
植物油…………ティースプーン4杯
煮干し粉………適量

〈作り方〉

生食・加熱食かは猫の好みに合わせて、P51の基本レシピを参照。

おすすめレシピ例

オメガ3脂肪酸で
抗炎症効果を期待

結石回復ごはん(2)

〈材　料〉

鮭………………40g
キュウリ………10g
キャベツ………10g
ごはん…………大さじ1
植物油…………ティースプーン4杯
煮干し粉………適量

〈作り方〉

P51の「加熱調理」基本レシピ参照。

加熱食

おすすめレシピ例

摂取水分量を増やして
尿路の健康維持!

結石回復ごはん(3)

〈材　料〉

鶏肉……………40g
トマト…………10g
キュウリ………5g
大根……………10g
ごはん…………大さじ1
植物油…………ティースプーン4杯
煮干し粉………適量

〈作り方〉

生食・加熱食かは猫の好みに合わせて、P51の基本レシピを参照。

生食

加熱食

症状・病気別

皮膚病・全身真菌症

症状

皮膚の痒み、発疹、皮膚の赤み・腫れ、脱毛、フケ、などがあると、皮膚病が疑われます。

皮膚は外敵から身を守るためのバリア機能があるのですが、何らかの埋由でそのバリア機能が低下する様なことが生じると、その辺に普通にいるカビなどが皮膚で増殖し、円形脱毛↓周囲にフケやカサブタという真菌症になることもあります。カビと皮脂の反応などで、独特の匂いが出るのも特徴的です。

原因

何らかの理由で皮膚バリア機能が低下すると、その部位以外では全く問題の無い、細菌やカビ等の影響を受け、それらと白血球が闘うために炎症が生じ、各種症状につながると考えられています。

皮膚がどんな菌やカビの影響を受けて炎症を起こしているかを調べることは非常に重要ですが、なぜ、その部位の皮膚バリア機能が低下したのかを探ることも重要です。

動物病院での一般的な治療方法

皮膚病の場合は、主に白血球の炎症反応を止めることが重要で、抗炎症目的でステロイド薬や抗ヒスタミン薬を使用し、二次感染対策で抗生物質を使用します。

皮膚真菌症の場合、フケにカビが含まれている可能性があり、室内に広がると、同居動物や人にも影響が広がることが考えられます。ですから、早急に病変部の毛を刈り、抗真菌薬を塗ります。

須﨑先生おすすめの自宅でのケア方法

痒みが残っていると気になって舐め、その結果皮膚バリア機能が低下して、さらにカビや細菌の影響を受けるようになるので、かゆみ対策と皮膚バリア機能の保護が重要となります。

皮膚が乾燥している場合は、加湿目的のクリームなどを塗ってから、保湿剤を塗ります。

皮膚に液体が染み出ている場合は、無理の無い範囲で刺激の少ないシャンプーなどで洗浄してから、保護クリームを塗ります。

皮膚以外に痒みの原因がある場合は、その対処もします。

食事による改善方法

激しいアレルギー症状である、アナフィラキシーショックを引き起こす場合は、原因となる食材を取り除けば良いのですが、アレルゲンテストで陽性の食材を取り除いたのだけれども何も変わらないケースは珍しくないようです。

魚に含まれるオメガ3脂肪酸がかゆみ対策になることがある様なので、試してみる価値はあるかもしれません。

腸などから皮膚に痒みが届いている場合は、あえて食べないで消化器を休ませることで解決につながることもあります。

効果的な栄養素
栄養素が含まれる食材

まずは、抗炎症効果を期待して、オメガ3脂肪酸の多い、脂ののった魚がおすすめです。

また、腸内細菌のエサである食物繊維を補給するという意味で、人参やブロッコリー、カボチャなど、猫が好む甘い野菜もおすすめです。

さらに、腸内に乳酸菌を送るという意味で、ヨーグルトやチーズもいいでしょう。ただし、食事と一緒に食べると胃酸に触れる時間が長くなりますから、食事の30分以上前に摂取させることがおすすめです。

皮膚病・全身真菌症に必要な栄養素

抗炎症作用が期待できるオメガ3脂肪酸と、腸内細菌のエサになる食物繊維で身体の中から皮膚をサポートする！

必要な栄養素	含まれる食材
オメガ3脂肪酸	イワシ　サバ　アジ
反応しない動物性食材	ラム肉　卵　白身魚　※個々に合わせて調整を
ビタミン	かぼちゃ　ブロッコリー　にんじん

この食材を組み合わせて調理！

1群 動物性たんぱく質	2群 野菜	3群 穀類	+α
イワシ　サバ　アジ 白身魚　鶏肉　ラム肉 卵　煮干し	かぼちゃ ブロッコリー にんじん 小松菜	ごはん	にんにく 植物油

おすすめレシピ例

大好きな鶏肉の風味で
食物繊維を無理なく摂取

皮膚病回復ごはん（1）

〈材　料〉

鶏肉……………40g
にんじん………10g
小松菜…………10g
ごはん…………大さじ1
植物油…………ティースプーン4杯
煮干し粉………適量

〈作り方〉

生食・加熱食かは猫の好みに合わせて、P51の基本レシピを参照。

おすすめレシピ例

白身魚のオメガ３脂肪酸で
皮膚の痒み赤み対策！

皮膚病回復ごはん（2）

〈材　料〉

白身魚…………40g
にんにく………1片
キャベツ………10g
ごはん…………大さじ1
植物油…………ティースプーン4杯
煮干し粉………適量

〈作り方〉

生食（タイを使用）・加熱食（タラを使用）かは猫の好みに合わせて、P51の基本レシピを参照。

おすすめレシピ例

香りの強いラム肉と
食物繊維で皮膚を健康に！

皮膚病回復ごはん（3）

〈材　料〉

ラム肉…………40g
にんじん………10g
かぼちゃ………10g
ごはん…………大さじ1
植物油…………ティースプーン4杯
煮干し粉………適量

〈作り方〉

P51の「加熱調理」基本レシピ参照。

症状・病気別

糖尿病

症状

初期にはほとんど症状はありません。状態が進行してから初めて気付くことが多い病気なので、飼い主さんの不注意で見逃したわけではありません。

特徴的な症状としては、多飲多尿（血糖値を薄めるために水を大量に飲む）、過食なのにドンドン痩せていくなどがあります。他には、食欲・元気が無くなる、嘔吐などがあります。

原因

猫は興奮すると血糖値が高くなることがあるので、採血時に興奮したら、正確な診断が出来ません。逆に、その状態で測定した結果で糖尿病と診断されているケースもあります。

肥満の猫や高齢の猫が罹患するリスクが高いといわれております。また、去勢済の雄に若干多いとか、シャムやバーニーズに多いという説もあります。

動物病院での一般的な治療方法

口から入れる血糖降下剤のみで調整可能なケースもありますが、インスリン投与が基本となります。

インスリンを投与する場合で怖いのは、投与過剰による低血糖症（血糖が下がりすぎ）になることです。投与量や投与回数・タイミングは、かかりつけの獣医師と充分相談の上、正確に実施してください。他に療法食や運動療法があります。

須﨑先生おすすめの自宅でのケア方法

よく「インスリン注射をするのが可愛そう」と、不十分でも良いからインスリンを使わないコントロールを探している飼い主さんがいらっしゃいますが、不十分なコントロールのせいで生命の危機に瀕する可能性があるので、必ず、血糖値コントロールは獣医師と相談して実践なさってください。それをサポートするという意味で家庭ケアがあります。優先順位を間違わないようにしてください。

従来の食事は「低脂肪、高繊維食」が主体でしたが、現在は「低炭水化物、高タンパク質食」が主流になっています。

その理由ですが、以前は、脂肪量を減らして、低カロリー↓体重管理を目指し、さらに食物繊維含有量を増やすことで、腸からのグルコース吸収速度を遅らせることを目的としておりました。しかし、様々な血糖値コントロールの研究結果から、現時点では、穀類は全体量の10～20％程度に抑える方が食物繊維量を増やすよりも有効だと考えられる様になり、充分機能し、さらに予防効果もあると考えられております。

低炭水化物食だと、血糖値は主として肝臓で行われる糖新生（糖原性アミノ酸などからグルコースを合成する）で維持可能で、肝臓に負担もかかりません。

この糖新生機能を活用するためには、糖質を減らした分、タンパク質を増やす必要があります。腎機能低下が認められる場合は、高たんぱく食にすると腎機能が悪化したりはしませんが、血中尿素窒素量（ＢＵＮ値）が増加しますので、食事による効果と腎機能低下と区別をつけるためにも、必ず獣医師と相談の上、実践してください。

また、食事も重要ですが、運動することも非常に重要です。重症で寝てばかりなら仕方ないのですが、動けるならしっかり遊ぶ時間を確保して、運動させてください。

血糖値コントロールにおすすめなハーブは、ギムネマ、高麗人参、ダンデライオン（セイヨウタンポポ）の葉と根、ビルベリー、マシュマロー、マリーゴールド、ユッカなどです。

糖尿病に必要な栄養素

食事の基本は「低脂肪、高繊維食」か「低炭水化物、高タンパク質食」が基本です。獣医師の指導の下血糖値調節をした上でご活用下さい。

必要な栄養素	含まれる食材
脂肪の少ない肉	ササミ　鶏胸肉（皮なし）　豚ヒレ肉
水溶性食物繊維	わかめ　めかぶ　オクラ
不溶性食物繊維	コーン　おから　かぼちゃ

この食材を組み合わせて調理！

1群 動物性たんぱく質	2群 野菜	3群 穀類	+α
牛肉　鶏胸肉（皮なし） ササミ　豚ヒレ肉 ツナ　煮干し	キャベツ かぼちゃ　コーン ブロッコリー きのこ類　オクラ わかめ　めかぶ	さつまいも	豆腐 植物油

おすすめレシピ例

低脂肪、高繊維食で
血糖値コントロールを楽に！

糖尿病回復ごはん（1）

〈材　料〉

牛肉……………30g
おから…………10g
キャベツ………10g
かぼちゃ………10g
植物油…………ティースプーン4杯
煮干し粉………適量

〈作り方〉

生食・加熱食かは猫の好みに合わせて、P51の基本レシピを参照。

おすすめレシピ例

低炭水化物、高タンパク質食で
血糖値コントロールを楽に!

糖尿病回復ごはん（2）

加熱食

〈材　料〉

ツナ……………30g
ゆで卵…………1/2個（25g）
ブロッコリー…10g
さつまいも……20g
植物油…………ティースプーン4杯
煮干し粉………適量

〈作り方〉

P51の「加熱調理」基本レシピ参照。

おすすめレシピ例

低脂肪、高タンパク質食で
血糖値コントロールを楽に!

糖尿病回復ごはん（3）

生食

加熱食

〈材　料〉

鶏肉………………40g
豆腐………………10g
マッシュルーム…10g
かぼちゃ…………10g
植物油……………ティースプーン4杯
煮干し粉…………適量

〈作り方〉

生食・加熱食かは猫の好みに合わせて、P51の基本レシピを参照。

症状・病気別

がん

症状

飼い主さんがさすっていたら、身体の一部が膨らんでいた、しこりを見つけることがあります。腫瘍には身体の他の部分に転移しない良性のものと、増殖を繰り返し他の臓器に転移して死につながる可能性の高い悪性腫瘍、いわゆるがんがあります。腫瘍に特定の症状は無く、元気がない、体重が減少するなどのいわゆる体調不良になります。

原因

私たち人間の身体では、健康な人でも30秒に1個腫瘍細胞が出来ているといわれております。一日にすると約３０００個の腫瘍細胞が出来ていますが、それを正常な白血球の攻撃で消失出来ています。

しかし、化学物質や重金属、感染等が原因で新しく出来る量が増え、白血球の処理能力の限界を超えると、腫瘍・がんとなります。

動物病院での一般的な治療方法

一般的な治療法は、出来た腫瘍を取り除く手術、腫瘍細胞を殺す化学療法、放射線療法があります。

手術する場合は、手術後に抗がん剤などの化学療法を行って再発防止につなげる場合が多いです。現在は他にも、白血球を取り出して培養して元に戻す免疫療法などもありますので、その時々の最新情報を「適切な場所」で収集して下さい。

須崎先生おすすめの自宅でのケア方法

物事には必ず原因があり、原因なき腫瘍はございません。

腫瘍細胞は健康な人間でも30秒に1個、つまり毎日3000個近く発生しておりますが、白血球がキチンと攻撃して根絶やしにしてくれております。この様に、腫瘍細胞は毎日出来ては消滅させられているわけですから、発生することも、消失することも、特別なことではありません。

がんというとすぐ「免疫力の低下」と思う方が多いようですが、白血球の闘う力は正常でも、出来る速度が速いということもあり、その場合には免疫力を高めるのではなく、ガン細胞が次々と出来てくる原因を探って取り除くことが重要な場合があります。調べてみると、原因を取り除くべきなのに、免疫力を高めるサプリメントを摂取させている方が多く、もったいないと思う事がよくあります。

体内に貯まっているものを排除するためには、何が原因なのかを探る必要があります。原因が探れれば、それを排除する方法はいくつか決まりますが、原因が分からなければ、対症療法しかありません。

また、原因を排除するものが決まったとしても、寝てばかりで筋肉の収縮がないために、血液が有効成分が患部に充分届かないとか、リンパの流れが悪く、老廃物を排除しきれないこともあります。

それと、抗酸化物質を摂取することで症状が落ち着く事がありますが、原因を取り除こうと白血球が放出した活性酸素を無力化することで症状を落ち着かせるので、結局原因は残ったままで、抗酸化物質の摂取をやめたら症状が当然のように再発したということもあります。

β-グルカンは多糖類なので消化管からそのまま吸収されませんし（単糖にまで分解）、患部に届くわけでもないので、β-グルカンのサプリメントを摂取する必要があるかどうかは疑問ですが、キノコや海藻を細かく刻んで煮出したものは摂取させていいと思います。

また、再発を繰り返さないために、生活環境の除菌が極めて有益な場合もあります。

がんに必要な栄養素

血行を良くして、有効な成分を必要な場所に届くようにし、腸内細菌を整えて、食事ではカバーしきれないビタミンを作ってもらおう！

必要な栄養素	含まれる食材
ビタミン	かぼちゃ　ブロッコリー　にんじん
ミネラル	煮干し　しらす　桜えび
EPA・DHA	イワシ　サバ　鮭

この食材を組み合わせて調理！

1群 動物性たんぱく質	2群 野菜	3群 穀類	＋α
鶏肉　卵　イワシ サバ　鮭　しらす 桜えび　煮干し	にんじん ブロッコリー 大根　キャベツ かぼちゃ	ごはん	にんにく 植物油

おすすめレシピ例

鮭のアスタキサンチンと
にんにくパワーで負けない身体！

がん回復ごはん（1）

〈材　料〉

鮭………………40g
ゆで卵…………1/2個（25g）
にんじん………10g
にんにく……… 1片
ごはん…………大さじ1
植物油…………ティースプーン４杯
煮干し粉………適量

〈作り方〉

P51の「加熱調理」基本レシピ参照。

おすすめレシピ例

オメガ3脂肪酸で
強い抗炎症対策!

がん回復ごはん(2)

〈材　料〉

イワシ…………40g
大根……………10g
ブロッコリー…10g
ごはん…………大さじ1
植物油…………ティースプーン4杯
煮干し粉………適量

〈作り方〉

生食・加熱食かは猫の好みに合わせて、P51の基本レシピを参照。

おすすめレシピ例

腸内細菌の餌、食物繊維で
腸内免疫力をアップ

がん回復ごはん(3)

〈材　料〉

鶏肉……………100g
かぼちゃ………10g
キャベツ………10g
ごはん…………大さじ1
植物油…………ティースプーン4杯
煮干し粉………適量

〈作り方〉

生食・加熱食かは猫の好みに合わせて、P51の基本レシピを参照。

症状・病気別

肝臓病

症状

肝臓病は悪い状態でも症状が出ないことがほとんどで、気づくのが遅くなり、黄疸や腹水、出血、口臭の変化が出て初めて気がつくことがあります。強いて症状をあげるとすれば、下痢、嘔吐、便秘、元気がないというありふれたものです。

また、久しぶりに血液検査をしたら、肝臓の数値が軒並み上がっていたことで発見することもあります。

原因

化学物質摂取量が多い、薬物服用量が多い、ウイルスや細菌、寄生虫などの感染症などがあります。

また、食後の余剰エネルギーは、肝臓で脂肪に変換され、脂肪組織に送られ脂肪太りしていきますが、それが出来なくなると、肝臓に余分な脂肪が蓄積します。

また、他の臓器の不調が肝臓に影響することもあります。

動物病院での一般的な治療方法

肝臓は症状が出にくい臓器の一つなので、肝臓病と診断された時点ではすでに症状が進行していることが多いです。

基本的には薬物療法で、症状を抑え、悪化させないことを目的とします。状況に応じて手術などの処置が必要なこともあります。

早期発見は難しいことから、定期的な健康診断が重要と考えております。

須﨑先生おすすめの自宅でのケア方法

肝臓になにがしかの問題が生じたとき、一番重要なことは「肝臓を休ませる」ことです。具体的には「食べさせすぎない」ことなのですが、そうすると一切食べるなと解釈されることが多く困ります。

また、肝機能強化のハーブやサプリメントがありますが、肝臓以外に問題があってその影響で肝臓の数値が高い場合は、ほとんど改善しないことが多い様です。

その場合は同じことに粘り強く取り組むのではなく、根本的な原因を考える事が重要です。

食事による改善方法

肝臓は身体の臓器の中で最も再生能力の高い臓器なので、再生に必要なタンパク質を中心とした食事療法も重要です。

上にも書きましたが、何の栄養を補給するかよりも、肝臓を休ませる方が改善に有益です。

また、東洋医学的には肝機能を正常化するには同じ肝臓を食べる「同物同治」という考え方がありますが、レバーばかり食べると今度は消化器系（脾）等に負荷が及ぶかもしれないので、にんじんや鶏肉、おから等も加えておきます。

効果的な栄養素 栄養素が含まれる食材

肝細胞の再生にはタンパク質やビタミン、ミネラルが必要なので、動物性食材と海藻などが重要です。栄養素としては、ビタミンC、ビタミンE、ビタミンB群、亜鉛、タウリンなどが重要です。

東洋医学的には、酸性の食材の豚肉がオススメですが、あげすぎてしまったときのことを考えて、にんじんや卵、おから、スイカ、メロンなどを加え、重症の場合は、レバーを追加します。レバーが多すぎる気がしたら、里芋や大根を追加してみてください。

肝臓病に必要な栄養素

肝臓を休ませるために食事量は少なめにして肝臓の再生を助けましょう。そして、良質なタンパク質を摂取することを心が得てください。

必要な栄養素	含まれる食材
タウリン	貝類　アジ　イカ
ビタミンE	かぼちゃ　コーン　すじこ
亜鉛	牡蠣　豚レバー　牛肩ロース

この食材を組み合わせて調理！

1群 動物性たんぱく質	2群 野菜	3群 穀類	+α
鶏肉　豚肉　牛肩ロース 豚レバー　卵　チーズ アジ　牡蠣　貝類 イカ　すじこ　煮干し	かぼちゃ　コーン きのこ類 アスパラガス にんじん　大根 キャベツ	ごはん	植物油

おすすめレシピ例

良質なタンパク質で
肝臓再生をサポート！

肝臓病回復ごはん(1)

〈材　料〉

鶏肉……………30g
ゆで卵…………1/2個（25g）
しめじ…………10g
アスパラガス…10g
ごはん…………大さじ1
植物油…………ティースプーン4杯
煮干し粉………適量

〈作り方〉

生食・加熱食かは猫の好みに合わせて、P51の基本レシピを参照。

おすすめレシピ例

「同物同治」の智恵で
肝機能強化をサポート

肝臓病回復ごはん（2）

〈材　料〉

豚肉……………30g
レバー…………10g
にんじん………10g
大根……………10g
ごはん…………大さじ1
植物油…………ティースプーン４杯
煮干し粉………適量

〈作り方〉

P51の「加熱調理」基本レシピ参照。

おすすめレシピ例

大好きな肉の香りで
食欲をアップさせる!

肝臓病回復ごはん（3）

〈材　料〉

牛肉……………30g
チーズ…………10g
キャベツ………10g
しめじ…………10g
ごはん…………大さじ1
植物油…………ティースプーン４杯
煮干し粉………適量

〈作り方〉

生食・加熱食かは猫の好みに合わせて、P51の基本レシピを参照。

知っておきたい豆知識

その子に合った食事が大切

カルシウムだけじゃなく全ての栄養が必要

ライフステージに合った食事というと、なにか特別な食事があるような印象を与えそうですが、そういう誤解を解くことから始めて行きたいと思います。

よく、成長期にはタンパク質とカルシウムという話がありますが、正解は全ての栄養素が成長に応じて必要です。

成長期は沢山食べるから、その時期にいろんな食べものをちゃんと食べさせてねという意味です。

幼猫用のネズミや老猫用のネズミはいない

当たり前のことですが、自然界で幼猫用のネズミや、成猫用、老猫用のネズミなどいません。いろいろ食べて全体量で調節します。

人間でも成長期の子は沢山食べますが、歳をとるにつれて満足できる食事量が減っていき、それが減らない人が太っていくということであり、何か特殊な栄養バランスでないと健康な肉体を達成できないというわけではないのです。

猫が太ると脂肪肝や手術時に困ることになる

猫はわりと自分で調整できる動物ですが、ときどきフードの魅力に負けて、運動量に見合わない食事量を摂取することがあります。

これは、人間同様、どんなに量が少なかろうと「その子には量が多い」ことになります。老猫になっても身軽な身体を維持するために、ドライフードで太るならば、水分の多い手作り食にしてみたら解決できるかもしれません。

猫には人知を越えた調整能力がある

私たち人間が糖分を摂り過ぎると太ることはご存じかと思います。逆に、血糖値が低下すると、筋肉を分解してアミノ酸からグルコースを作って血糖値を維持するという作用もあります。この様に、身体は身体の必要に応じて、栄養素をある程度自由自在に融通する「調整能力」があります。この調整能力で、体内環境を一定に保っているのです。

時折、この調整能力の存在を無視して「この厳密な栄養バランスの配合でないと病気になります」という極端な主張がありますが、それはかなり無理のある主張です。

栄養バランス神話に惑わされない知識を

「栄養バランス神話」は「粉を固めたフードを毎日食べるとしたらこのぐらい必要だ」という数々の論文から導き出された結果です。

しかし科学の根本に「条件が変われば結果が変わる」というものがありますから、その情報が食材を使った手作り食に１００％当てはまるわけでもないのです。

ちなみに、猫の塩分の安全最大摂取量は決まっていません。なぜなら、身体に異常が出る前に「しょっぱくて無理」という状態になるからです。猫に塩分はダメって、思っていませんでしたか？

一つのものを食べ続けない

１９６０年代、猫は肉食動物だからと生の心臓だけを食べさせ続けたら、カルシウム欠乏症になる事例が出てきました。

この出来事から、「やっぱり、生の心臓だけじゃダメだよね。いろいろ食べなきゃだめだよね。バランスが大事だよね。」となってきたのです。それはそうですよね。

私たち人間もいろいろな食材を食べることで日々調整されています。ですから猫も、ザックリいうと、成長期は量が大事、成長したら量は太らない程度、歳取ったら少食でも健康を害さない様にする工夫が必要なのです。

知っておきたい豆知識

仔猫を保護したときの対処法

数時間ごとにほ乳することは可能か?

仔猫は親猫が育てるのが一番ですが、様々な理由から、人が育てることになることもあります。

特に猫とご縁のある方は、捨て猫を発見し、保護されることが少なくないようです。人として放っておけない気持ちはわかりますが、果たして連れて帰っていいのでしょうか？　その後、どんな労力が必要か、ご存じでしょうか？　と言われると気になりますよね。

体温調節出来ないし自力で生きるのは無理

生まれたばかりの仔猫は、いろいろな点で親に頼らないと生きていけない状態です。その親代わりを連れて帰ったあなたがしなければいけないのです。

まず、自分で体温調節が出来ないので、温めたり、風に当てたりして調節してあげる必要があります。もちろん、暑い寒いと主張するわけではないので、探りながら対応していく必要があります。

数時間ごとにほ乳しなければならない

また、食事（ほ乳）は数時間ごとに行う必要があります。

例えば、生後4日目までは2時間ごと、生後5～13日目までは3時間ごと、生後14～21日目までは3～4時間ごとにほ乳する必要があります。

人間の赤ちゃんと同様に、猫の赤ちゃんのお世話大変の様です。かなりの覚悟が必要となります。ですから、保護すると決める前に自分はそれが出来るかを熟考する必要があります。

離乳前の仔猫を拾った場合（母猫不在）

	食事回数
生後４日目まで	２時間ごとに授乳
生後５～13日目まで	３時間ごとに（ここまで新生仔期）授乳
生後14～21日目まで	３～４時間ごと授乳
生後22～28日目	徐々に離乳食に移行していく

仔猫の体重変化（正常に栄養が摂れた場合）

生後１週間目	誕生時の２倍
生後２週間目	誕生時の約３倍

どんな「ミルク」を飲ませたら良いのか？

　何を飲ませたら良いのかも非常に重要なポイントですが、「市販の猫ミルクが良い」「牛乳で大丈夫」「山羊ミルクがオススメ」と様々なご意見がございますが、いろいろあるということは、本人に合うなら、どれでも大丈夫だということです。栄養量が少なければ多く飲めば良いし、面倒なら市販の猫ミルクで良いのではないでしょうか？

「猫ミルクの原料は牛乳ですが…」という話がありますが、髪の毛を食べて毛がふさふさにならない様に、元が何でも、身体は栄養素として受け入れますので基本的には大丈夫です。

排便のコントロールもあなたが頼りになる！

　また、通常、生後一ヶ月齢くらいまでは、自力で排便が出来ず、親に肛門や陰部を舐めてもらって、その刺激に対する反射で排泄するという状態です。ですから、食事の前後に、ぬるま湯で濡らした柔らかい布やティッシュなどで、陰部を軽く撫でてあげる必要があります。そうすることで、絵の具をしぼり出したような硬さの便が出てくるのです。

　これらを、あなたが代わりにやる必要があるのですが、その時間的、経済的余裕があるか？その覚悟が出来ているのか？がとても重要です。

知っておきたい豆知識

注意が必要な食材、与えすぎに注意したい食材

注意が必要な食材

この手の話は、飼い主さん同士の伝言ゲームで、全く違う理解が広がることが少なくなく、しなくて良い心配をしている飼い主さんが多い様です。

　まず、「全ての物質は毒であり、毒でないものは存在しない。ただ適切な容量が毒と薬を区別する（毒性学の祖パラケルスス）」という冷静な判断が必要です。

　例えば、ヒトの場合ですが、お水を飲むと体内水分量を排尿で調整しますが、その処理スピードを上回る勢いで水を飲むと、体中がむくんで死に至ることもあります（一時間あたり1〜1．5リットルが安全上限値）。

　有害な成分が入っていることと、処理能力を上回って実害を受けるかは分けて考える冷静さが必要です。今後も、新しい情報が出てきたら、「それはどういう条件で、どれくらいの確率で起こることなのか？」と、プロの意見を参考に、正確に調べることをオススメします。

【一般的なNG食材を検証】

■ネギ類

猫もアリルプロピルジスルフィドに感受性があるといわれておりますので与えない。

■ブドウ、干しブドウ

現時点では報告はありませんし、積極的に食べさせるものでもありませんし、食べたとしても、害が生じるような量は食べないでしょう。

■香辛料

おそらく食べませんので、注意は不要ですが、食べた場合も下痢程度で一過性です。

■鶏の骨

よくいわれるのですが、「経験がない」獣医師が多い「心配事」です。

■魚介類

生の魚介類にはビタミンB1分解酵素があるため、毎日シーフードばかりを食べ続けるとよくないかも?という話で漁港以外では心配不要です。

■ほうれん草

シュウ酸が結石の原因になるという話ですが、そもそも沢山食べたりしません。

■ナッツ類

一過性の症状が出る子がいるだけで、死に至る報告はありません。

■チョコレート

そもそも沢山食べたりしないので、心配不要でしょう。

■生卵

人間でいうと毎日10個以上食べ続けると、ビオチン欠乏症になる人もいる（猫だと毎日1個以上）という話で、そもそも食べません。

■煮干し海苔

マグネシウムが多いから結石になると言われている食材ですが、摂取水分量が多く、尿のpHが酸性寄り（肉や魚の摂取量が多い状態）であれば、特に問題はありません。

■米飯

生き物はタンパク質から糖質と脂肪を合成できるので、「食べなくても生きていける」がいつの間にか「食べてはいけない」になっている食材です。

■レバー

ビタミンA過剰症が不安視される食材ですが、サプリメントの大量摂取以外の通常の食生活で過剰症になることは難しいです。

■アワビ、サザエ、トコブシの内臓

確かに光過敏症になるリスクがありますが、漁港以外で心配は不要と思います。

■お茶やコーヒー

カフェインが神経を刺激し…と言われますが、通常飲みません。

■ナス科の野菜

関節炎の子が食事から抜いたら楽になったという話がいつの間にか食べると関節炎になると勘違いされるようになりました。

おわりに

体調が思わしくない猫と接していて毎回感じるのは、「万能のツール」や「ゴールデン・ルール」は無いということです。同じ家庭で飼われている子も、必要なことが変わるし、やり方も変わったりします。そうすると「こういう猫に何が必要ですか?」という質問には明確な答えは無くても、「この子の状態ではどうですか?」と、個別のケースだったら答えを用意することが出来るものです。

また、当院は重症の子がやって来ることが少なくなく、その最期の段階で「フードを食べないのですが、私たちが食べているものを欲しがります。でも、人間の食べ物を食べさせてはいけないんですよね? でも、ちょっと食べさせたら喜ぶのですが…。」というお問い合わせも多いです。しかし、明確な科学的理由で大丈夫なことが多く、それを電話相談等でアドバイスさせていただくと、ホッとして食べさせてくださることが多いです。「茹でたら食べなかったけど、焼いたら喜んで食べてくれました!」そんなちょっとした変化をご報告下さるのですが、この経験が、仮に残念ながら力尽きた際も、その飼い主さんが、次の子を迎え入れたときに役立つことがあります。

食餌には薬のような力強いパワーはありませんが、日々のサポートですから、非常に重要な要素です。また、単に栄養素の補給にとどまらず、飼い主さんの愛情というパワーが、猫に届き作用するのではないだろうかと思っているのです。

この本の内容は、メルマガやブログでいただいたご質問にお応えいたしました。短期間に沢山のご質問を頂き、本当に感謝しております。もちろん、何百というご質問をいただきましたので、まだまだ解答仕切れていないご質問が沢山あります。そちらの方はまた次回作、もしくは、メルマガでお答えしようと思いますので、よろしければぜひご登録下さい（Ｐ１３６参照）。この本の内容が、少しでもお役に立てたら望外の喜びです。

Information

〈フード・サプリメント〉

食材の心配をせずにすむフード、補う以上に原因を取り除くデトックスのサポートに焦点を合わせたサプリメントなどにご興味のある方は、須﨑動物病院ホームページにアクセスしてください。

〈無料メールマガジン〉

手作り食の体験談や最新情報をパソコン、携帯のメールマガジンで情報発信中。ホームページからご登録ください（P136参照）。

〈ペットの栄養学やホリスティックケアを本格的に学びたい方へ〉

愛猫を手作り食で健康にする情報を真剣に学びたい方、「酵素で健康って、ホント？」など、ペットの食事・栄養学について正確かつキチンと学びたい方のために、通信講座「ペットアカデミー」を運営中
【URL】http://www.1petacademy.com/

〈ペット食育協会〉

気軽に勉強したいという方のために、各地で「ペットの手作り食入門講座」を協会認定インストラクターが開催しております。食を通してペットの快適な生活を支援することを目的とし、食育についての知識を広げるインストラクターを育成し、適切な知識の普及活動を行っております。【URL】http://apna.jp/

〈お問い合わせ〉

【須﨑動物病院】

〒193-0833　東京都八王子市めじろ台2-1-1　京王めじろ台マンションA-310
Tel. 042-629-3424（月〜金　10〜13時　15〜18時／祭日を除く）
Fax. 042-629-2690（24時間受付）
PC ホームページ　http://www.susaki.com
ブログ　http://susaki.cocolog-nifty.com/blog/
E-mail.　clinic@susaki.com

※個別の症状に関するお問い合わせは、直接診療か、電話相談にて対応させていただきます。
※病院での直接診療、電話相談等は完全予約制です。

協力者リスト

調理協力／犬膳猫膳本舗

ペット食育協会食育指導士、ペット栄養管理士のシェフが犬さん猫さんのココロとカラダを育むご飯作りの応援として新鮮・安全・安心の食材を利用したお惣菜・おやつのショップを始めました。また、ペット食育協会（APNA）の食育指導士として『ペット食育入門講座』を定期的に開催し"食"の大切さを広める活動を行っています。

おおもりみさこ
ショップURL：http://inuzennekozen.wanchefshop.com/
e-mail：inuzennekozen@wanchefshop.com

調理協力／くわはたゆきこ

犬や猫をはじめ、動物をこよなく愛する兼業主婦。犬や猫たちの体のこと、栄養のことを学んでペット食育協会（APNA）の食育准指導士になりました。愛猫を見送ったいまは、愛犬パピヨンにごはんを作る毎日です。旦那さんは鉛筆画を得意とするイラストレーター。優しく精緻なタッチが鮮やかです。

「わくわく★ワンごはん」http://ameblo.jp/wanwangohan/
「Pencil Drawing」http://hamten.sakura.ne.jp/pencildrawing/

この本のきっかけになったメールマガジンの登録の仕方

❶ http://www.susaki.comにアクセス（須﨑動物病院ホームページ）
❷ 左側の縦長のインデックス・バーの下から３番目の「メルマガ」のボタンをクリック
❸ 猫のメルマガのところで登録する

以上です。
質問の仕方もメルマガに記載されてあります。
ご興味のある方はぜひ、ご登録下さい。

〈本書の医学的資料もとリスト一覧〉

糖質

Kienzle. E. 1993. Carbohydrate metabolism in the cat. 1. Activity of amylase in the gastrointestinal tract of the cat. J. Anim. Physiol. Anim. Nutr.69:92-101.

Kienzle, E. 1993. Carbohydrate metabolism in the cat. 2. Digestion of starch. J. Anim. Physiol. Anim. Nutr. 69:102-114.

Kienzle, E. 1993. Carbohydrate metabolism in the cat. 3. Digestion of sugars. J. Anim. Physiol. Anim. Nutr. 69:203-210.

Kienzle, E. 1993. Carbohydrate metabolism in the cat. 4. Activity of maltase. isomaltase, sucrase, and lactase in the gastrointestinal tract in relation to age and diet. J. Anim. Physiol. Anim. Nutr. 70:89-96.

Kienzle E. 1989. Untersuchungen zum Intestinal- Lind Intermediarstoffwechsel von Kohlenhydraten (Starke verschiedener Herkunft and Aufhereitung, Mono- and Disaccharide) bei der Hauskatze (Felis catut) (Investigations on intestinal and intermediary metabolism of carbohydrates (Starch of different origin and processing, mono- and disaccharides) in domestic cats (Fells cants). (Habilitation thesis). Tierarztliche Hochschule, Hannover.

Lineback, D. R. 1999. The chemistry of complex carbohydrates. Pp. 1 15-129 in Complex Carbohydrates in Foods, S. S. Cho, L. Prosky, and M. Dreher, eds. New York: Marcel Dekker, Inc.

Hore, P., and M. Messer. 1968. Studies on disaccharidase activities of the small intestine of the domestic cat and other mammals. Comp. Biochem. Physiol. 24:717-725.

Morris. J. G., J. Trudell, and T. Pencovic. 1977. Carbohydrate digestion by the domestic cat (Feh.s cants). Br. J. Nutr. 37:365-373.

Murray, S. M., G. C. Fahey, Jr., N. R. Merchen, G. D. Sunvold, and G. A.Reinhart. 1999. Evaluation of selected high-starch flours as ingredients in canine diets. J. Anim. Sci. 77:2180-2186.

脂肪

Chew, B. P., J. S. Park, T. S. Wong, H. W. Kim, M. G. Hayek, and G. Rein- hart. 2000. Role of omega-3 fatty acids on immunity and inflammation in cats. Pp. 55-67 in Recent Advances in Canine and Feline Nutrition, Vol. III, G. A. Reinhart and D. P. Carey, eds. Wilmington. Ohio: Orange Frazer Press.

Hayes, K. C., R. E. Carey, and S. Y. Schmidt. 1975. Retinal degeneration associated with taurine deficiency in the cat. Science 188:949-951.

Lepine, A. J., and R. L. Kelly. 20(X). Nutritional influences on the growth characteristics of hand-reared puppies and kittens. Pp. 307-319 in Recent Advances in Canine and Feline Nutrition, Vol. III, G. A. Reinhart, and D. P. Carey, eds. Wilmington, Ohio: Orange Frazer Press.

MacDonald, M. L., Q. R. Rogers, and J. G. Morris. 1984. Nutrition of the domestic cat. a mammalian carnivore. Ann. Rev. of Nutr. 4:521-562.

MacDonald, M. L., Q. R. Rogers, and J. G. Morris. 1984. Effects of dietary arachidonate deficiency on the aggregation of cat platelets. Comp. Biochem. Physiol. 78C:123-126.

MacDonald, M. L.. Q. R. Rogers. J. G. Morris. and P. T. Cupps. 1984. Effects of linoleate and arachidonate deficiencies on reproduction and spermatogenesis in the cat. Journal of Nutrition 114:719-726.

MacDonald, M. L., Q. R. Rogers, and J. G. Morris. 198.5. Aversion of the cat to dietary medium-chain triglycerides and caprylic acid. Physiology Behavior. 35:371-375.

Pawlosky, R., A. Barnes, and N. Salem, Jr. 1994. Essential fatty acid metabolism in the feline: Relationship between liver and brain production of long-chain polyunsaturated fatty acids. J. Lipid Res. 35:2032-2040.

Pawlosky, R., A. Barnes, and N. Salem, Jr. 1994. Essential fatty acid metabolism in the feline: Relationship between liver and brain production of long-chain polyunsaturated fatty acids. J. Lipid Res. 35:2032-2040.

Pawlosky, R. J., Y. Denkins, G. Ward, and N. Salem. 1997. Retinal and brain accretion of long-chain polyunsaturated fatty acids in developing felines: The effects of corn-based maternal diets. Am. J. Clin. Nutr 65:465472.

Risers. J. P. W., A. J. Sinclair. and M. A. Crawford. 1975. Inability of the cat to desaturate essential fatty acids. Nature 255:171-173.

Rivers, J. P. W. 1952. Essential fatty acids in cats. J. Small Anim. Pract. 23:563-576.

Rivers. J. P. W.. and T. L. Frankel. 1950. Fat in the diet of dogs and cats. Pp.67-99 in Nutrition of the Dog and Cat, R. S. Anderson, ed. Oxford, UK:Pergamon Press.

Rivers. J. P. W.. and T. L. Frankel. 1951. The production of 5,5,1 1-eicosatrienoic acid (20:311-9) in the essential fatty acid deficient cat.Proceedings of the Nutrition Society 40:117a.

Sinclair, A. J. 1994. John Rivers (1945-1959): His contribution to research on polyunsaturated fatty acids in cats. Journal of Nutrition 124:25135-25195. Sinclair, A. J., J. G. McLean. and E. A. Monger. 1979. Metabolism of linoleic acid in the cat. Lipids 14:932-936.

Sinclair, A. J., W. J. Slattery, J. G. McLean, and E. A. Monger. 1951. Essential fatty acid deficiency and evidence for arachidonate synthesis in the cat. Br. J. Nutr. 46:93-96.

Simopoulos, A. P. 1991. Omega-3 fatty acids in health and disease and in growth and development. Am. J. Clin. Nutr. 54:438463.

Simopoulos, A. P., A. Leaf, and N. Salem, Jr. 1999. Workshop on the Essentiality of and Recommended Dietary Intakes for Omega-6 and Omega-3 Fatty Acids. J. Am. Coll. Nutr. 18:4878-489.

Stephan, Z. F., and K. C. Hayes. 1978. Vitamin E deficiency and essential fatty acid (EFA) status of cats. Federation Proceedings 37:2588.

タンパク質

Anderson, P. A.. D. H. Baker, P. A. Sherry. and J. E. Corkin. 1980a. Nitrogen requirement of the kitten. Am. J. Vet. Res. 41:1646-1649.

Burger. I. H.. and K. C. Barnett. 1982. The taurine requirement of the adult cat. J. Sm. Anim. Pract. 23:533-537.

Burger. I. H.. and P. M. Smith. 1987. Amino acid requirements of adult cats Pp.49-51 in Nutrition. Malnutrition and Dietetics in the Dog and Cat.Proceedings of an international symposium held in Hanover. September 3-4. English edition. A. T. B. Edney. ed. British Veterinary Association. Burger. I. H., S. E.

Blaza. P. T. Kendall, and P. M. Smith. 1984. The protein requirement of adult cats for maintenance. Fel. Pract. 14:8-14.

Dickinson, E. D., and P. P. Scott. 1956. Nutrition of the cat. 2. Protein requirements for growth of weanling kittens and young cats maintained on a mixed diet. Brit. J. Nutr. 10:311-316.

Greaves, J. P. 1965. Protein and calorie requirements of the feline. In Canine and Feline Nutritional Requirements. O. Graham-Jones, ed., Oxford, UK: Pergamon Press.

Leon, A., W. R. Levick, and W. R. Sarossy. 1995. Lesion topography and new histological features in feline taurine deficiency retinopathy. Exp.Eye Res. 61:731-741.

Levillain, O.. P. Parvy, and A. Hus-Citharel. 1996. Arginine metabolism in cat kidney. J. Physiol. (London) 491(Part 1):471-477.

Miller, S. A., and J. B. Allison. 1958. The dietary nitrogen requirements of the cat. J. Nutr. 64:493-501.

Smalley, K. A.. Q. R. Rogers, and J. G. Morris. 1983. Methionine requirement of kittens given amino acid diets containing adequate cystine. Br. J. Nutr. 49:411-417.

Smalley, K. A., Q. R. Rogers, J. G. Morris, and L. L. Eslinger. 1985. The nitrogen requirement of the weanling kitten. Br. J. Nutr. 53:501-512.

Smalley, K. A., Q. R. Rogers, J. G. Morris, and E. Dowd. 1993. Utilization of D-methionine by weanling kittens. Nutr. Res. 13:815-824.

Morris, J. G.. and Q. R. Rogers. 1978a. Ammonia intoxication in the near adult cat as a result of a dietary deficiency of arginine. Sci. 199:431-432.

Morris, J. G., and Q. R. Rogers. 1978b. Arginine: An essential amino acid for the cat. J. Nutr. 108:1944-1953.

Morris, J. G., and Q. R. Rogers. 1992. The metabolic basis for the taurine requirement of Cats. Pp. 33-44 in Taurine Nutritional Value and Mechanisms of Action, J. B. Lombardini, S. W. Schaffer, and J. Azuma, eds., Volume 315. New York: Plenum Press.

Morris, J. G.. and Q. R. Rogers. 1994. Dietary taurine requirement of cats is determined by microbial degradation of taurine in the gut. Pp. 59-70 in Taurine in Health and Disease, R. Huxtable and D. V. Michalk, eds. New York: Plenum Press.

Rabin. B., R. J. Nicolosi. and K. C. Hayes. 1976. Dietary influence on bile acid conjugation in the cat. J. Nutr. 106:1241-1246.

Scott, P. P. 1964. Nutritional requirements and deficiencies. Pp. 60-70 in Feline Medicine and Surgery, E.J. Catcott. ed. Santa Barbara, Calif.: American Veterinary Publications. Inc.

ビタミン

Ahmad, B. 1931. The fate of carotene after absorption in the animal organism. Biochem. J. 25:1195-1204.

Bai, S. C., D. A. Sampson, J. G. Morris, and Q. R. Rogers. 1991. The level of dietary protein affects the vitamin B-6 requirement of cats. J. Nutr.1054-1061.

Braham, J. E., A. Villarreal, and R. Bressani. 1962. Effect of line treatment of corn on the availability of niacin for cats. J. Nutr. 76:183-186.

Carey. C. J., and J. G. Morris. 1977. Biotin deficiency in the cat and the effect on hepatic propionyl CoA carhoxylase. J. Nutr. 107:330-334.

Clark. L. 1970. Effect of excess vitamin A on longhone growth in kittens. J. Comp. Pathol. 80:625-634.

Clark. L. 1973. Growth rates of epiphyseal plates in normal kittens and kittens fed excess vitamin A. J. Comp. Path. 83:447-460.

Clark. L.. A. A. Seawright, and R. J. W. Gartner. 1970. Longhone abnormalities in kittens following vitamin A administration. J. Comp. Path. 80:113-121.

Clark. L.. A. A. Seawright. and J. Hrdlicka. 1970. Exostoses in hypervitaminotic A cats with optimal calcium-phosphorus intakes. J. Small Anon. Pract. 11:553-561.

Clark. W. T.. and R. E. W. Halliwell. 1963. The treatment with vitamin K preparations of warfarin poisoning in dogs. Vet. Rec. 75:1210- 1213.

Coburn. S. P., and J. D. Mahuren. 1987. Identification of pyrixdoxine 3-sulfate. pyridoxal 3-sulfate and N-methylpyridoxine as major urinary metabolites of vitamin B, in domestic cats. J. Biol. Chem. 262:2642-2644.

Davidson. M. G. 1992. Thiamine deficiency in a colony of cats. Vet Rec. 130: 94-97

Deady, J. E., Q. R. Rogers, and J. G. Morris. 1981b. Effect of high dietary glutamic acid on the excretion of US-thiamine in kittens. J. Nutr. 1 1 1:1580-1585.

Freye. E., and H. Agoutis. 1978. The action of vitamin B1 (thiamine) on the cardiovascular system of the cat. Biomedicine 28:315-319.

Gershoff, S. N., and L. S. Gottlieb. 1964. Pantothenic acid deficiency in cats. J. Nutr. 82:135-138.

Gershoff. S. N., and S. A. Norkin. 1962. Vitamin E deficiency in cats. J. Nutr. 77:303-308.

Gershoff S. N., S. B. Andrus, D. M. Hegsted, and E. A. Lentini. 1957a. Vitamin A deficiency in cats. Lab. Invest. 6:227-240.

Gershoff, S. N., M. A. Legg. F. J. O'Connor, and D. M. Hegsted. 1957b.The effect of vitamin D-deficient diet containing various Ca:P ratios on cats. J. Nutr. 63:79-93.

Heath, M. K., J. W. MacQueen, and T. D. Spies. 1940. Feline pellagra. Science 92:514.

Hon. K. L.. H. A. W. Hazewinkel, and J. A. Mol. 1994. Dietary vitamin D dependence of cat and dog due to inadequate cutaneous synthesis of vitamin D. Gen. Comp. Endocrin. 96:12-18.

Jubb. K. V.. L. Z. Saunders, and H. V. Coates. 1956. Thiamine deficiency encephalopathy in cats. J. Comp. Path. 66:217-227.

Kang. M. H.. J. G. Morris. and Q. R. Rogers. 1987. Effect of concentration at some dietary amino acids and protein on plasma urea nitrogen concentration in growing kittens. J. Nutr. 117:1689-1696.

Keesling. P. T.. and J. G. Morris. 1975. Vitamin B12 deficiency in the cat. J. Anim. Sc. 41:317 .

Kemp. C. M.. S. G. Jacobson, F. X. Borruat, and M. H. Chaitin. 1989. Rhodopsin levels and retinal function in cats during recovery from vitamin A deficiency. Exp. Eye Res. 49:49-65.

Leklem, J. E., R. R. Brown, L. V. Hankes, and M. Schmaeler. 1971. Tryptophan metabolism in the cat: A study with carbon-14-labeled compounds. Am. J. Vet Res. 32:335-344.

Loew, F. M., C. L. Martin, R. H. Dunlop, R. J. Mapletoft, and S. I. Smith. 1970. Naturally-occurring and experimental thiamine deficiency in cats receiving commercial cat food. Can. Vet. J. 1 1:109-1 13.

Mansur Guerios. M. F.. and G. Hoxter. 1962. Hypoalhunlinemia in choline deficient cats. Protides Biol. Fluids Proc. Colloq. 10:199-201.

Morita. T., T. Awakura, A. Shimoda. T. Umemura, T. Nagai, and A. Haruna. 1995. Vitamin D toxicosis in cats: Natural outbreak and experimental study. J. Vet. Med. Sci. 57:831-837.

Morris. J. G. 1977. The essentially of biotin and vitamin B1, for the cat. Pp. 15-18 in Proceedings of the Kal Kan Symposium for the Treatment of Dog and Cat. Morris. J. G. 1996. Vitamin D synthesis by kittens. Vet. Clin. Nutr. 3:88-92.

Morris. J. G. 1999. Ineffective vitamin D synthesis in cats is reversed by an inhibitor of 7-dehydrocholesterol-A7-reductase. J. Nutr. 129:903-909.

Okuda. K.. T. Kitaiaki. and M. Morokuma. 1973. Intestinal vitamin B , absorption and gastric juice in the cat. Digestion 5:417-425.

Pastoor. F. J. H.. A. T. H. Van't Klooster. and A. C. Beynen. 1991. Biotin deficiency in cats as induced by feeding a purified diet containing egg white. J. Nutr. 124S:73S-74S.

Ruaux. C. G.. J. M. Steiner, and D. A. Williams. 2001. Metabolism of amino acids in cats with severe cobalamin deficiency. Am. J. Vet. Res. 62:1852-1858.

Schweigert, F. J.. J. Raila. B. Wichert, and E. Kienzle. 2002. Cats absorb β-carotene, but it is not converted to vitamin A. J. Nutr. 132:16105- 16125.

Scott, P. P.. J. P. Greaves. and M. G. Scott. 1964. Nutritional blindness in the cat. Exp. Eye Res. 3:357-364.

Scott, P. P. 1971. Dietary requirements of the cat in relation to practical feeding problems. Small Animal Nutrition Workshop, University of Illinois College of Veterinary Medicine.

Seawright, A. A., P. B. English, and R. J. W. Gartner. 1970. Hypervitaminosis A of the cat. Advances Vet. Sci. Comp. Path. 14:1-27.

Strieker, M. J.. J. G. Morris, B. F. Feldman, and Q. R. Rogers. 1996. Vitamin K deficiency in cats fed commercial fish-based diets. J. Small. Anim. Prac. 37:322-326.

Thenen, S. W.. and K. M. Rasmussen. 1978. Megaloblastic erythropoiesis and tissue depletion of folic acid in the cat. Am. J. Vet. Res. 39:1205- 1207.

Vaden, S. L., P. A. Wood, F. D. Ledley, P. E. Cornwall, R. T. Miller. and R. Page. 1992. Cohalamin deficiency associated with methylmalonic aciduria in a cat. J. Am. Vet. Med. Assoc. 200:1 101-1 103.

Yu, S., E. Shultze, and J. G. Morris. 1999. Plasma homocysteine concentration is affected by folate status. and sex of cats. FASEB J. 13:A229.

ミネラル

Coffman, H. 1997. The Cat Food Reference. Nashua. N.H.: PigDog Press.

Howard, K., Q. Rogers, and J. Morris. 1998. Magnesium requirement of kittens is increased by high dietary calcium. J. Nutr. 128(suppl.):2601 S-2602S.

Kienzle, E. 1998. Factorial calculation of nutrient requirements in lactating queens. J. Nutr. 128(suppl.):2609S-2614S.

Kienzle, E.. and S. Wilms-Eilers. 1994. Struvite diet in cats: Effect of ammonium chloride and carbonates on acid-base balance of cats. J. Nutr. 124(suppl.):26525-26595.

Kienzle. E., A. Schuknecht, and H. Meyer. 1991. Influence of food composition on the urine pH in cats. J. Nutr. 121 (suppl.):587-588.

Kienzle, E., C. Thielen, and C. Pessinger. 1998. Investigations on phosphorus requirements of adult cats. J. Nutr. 128(suppl.):25985-26005

Lemann, J., and E. Lennon. 1972. Role of diet, gastrointestinal tract and bone in acid-base homeostasis. Kidney International 1:275-279.

Pastoor, F., A. Van't Klooster, J. Mathot. and A. Beynen. 1994. Increasing calcium intakes lower urinary concentrations of phosphorus and magnesium in adult ovariectomized cats. J. Nutr. 124:299-304.

Pastoor, F., R. Opitz, A. Van't Klooster, and A. Beynen. 1994. Dietary calcium chloride vs.. calcium carbonate reduces urinary pH and phosphorus concentration, improves bone mineralization and depresses kidney calcium level in cats. J. Nutr. 124:2212-2222.

Pastoor, F., A. Van't Klooster, and A. Beynen. 1994. Calcium chloride a urinary acidifier in relation to its potential use in the prevention of struvite urolithiasis in the cat. Vet. Q. 16(suppl.):375-385.

Pastoor. F.. R. Opitz, A. Van't Klooster, and A. Beynen. 1994. Substitution of dietary calcium chloride for calcium carbonate reduces urinary pH and urinary phosphorus excretion in adults cats. Vet. Q. 16:157-160.

Pastoor, F.. A. Van't Klooster, B. Opitz, and A. Beynen. 1995. Effect of dietary magnesium on urinary and faecal excretion of calcium. magnesium and phosphorus in adult, ovarectomized cats. Br. J. Nutr. 74:7784.

Pastoor, F., A. Van't Klooster, J. Mathot, and A. Beynen. 1995. Increasing phosphorus intake reduces urinary concentrations of magnesium and calcium in adult ovariectomized cats fed purified diets. J. Nutr. 125:1334-1341.

Pastoor, F., R. Opitz, A. Van't Klooster, and A. Beynen. 1995. Dietary phosphorus restriction to half the minumum required amount slightly reduces weight gain and length of tibia. but sustains femur mineralization and prevents nephrocalcinosis in female kittens. Br. J. Nutr. 74:85100.

Pennington, J. 1998. Bowes & Church's Food Values of Portions Commonly Used. Philidelphia: Lippincott Williams and Wilkins.

Taton, G., D. Hamar, and L. Lewis. 1984. Evaluation of ammonium chloride as a urinary acidifier in the cat. J. Am. Vet. Med. Assn. 184:433-436.

Toto. R.. R. Alpern, J. Kokko, and R. Tannen. 1996. Metabolic acid-base disorders. Pp. 201-266 in Fluids and Electrolytes, 3rd edition. Philidelphia: W.B. Saunders.

Yu, S., and J. Morris. 1997. The minimum sodium requirement of growing kittens defined on the basis of plasma aldosterone concentration. J. Nutr. 127:494-501.

Yu. S., and J. Morris. 1998. Hypokalemia in kittens induced by a chlorine-deficient diet. FASEB J. 12:A219.

Yu, S., and J. Morris. 1999. Chloride requirement of kittens for growth is less than current recommendations. J. Nutr. 129:1909-1914.

Yu, S., and J. Morris. 1999. Sodium requirement of adult cats for maintenance based on plasma aldosterone concentration. J. Nutr. 129:419-423.

Yu, S., Q. Rogers, and J. Morris. 1997. Absence of salt (NaCi) preference or appetite in sodium-replete or depleted kittens. Appetite 29:1-10.

Yu, S.. K. Howard, K. Wedekind, J. Morris, and Q. Rogers. 2001. A low-selenium diet increases thyroxine and decreases 3,5,3'-triiodothyronine in the plasma of kittens. J. Am. Physio. Anim. Nutr. 86:36-41.

Zijlstra, W., A. Langhroek, J. Kraan, P. Rispens. and A. Nijmeijer. 1995. Effect of casein-based semi-synthetic food on renal acid excretion and acid-base state of blood in dogs. Acta Anesthesiologica Scandinavica 107(suppl.):179-183.

須﨑恭彦（すさき・やすひこ）

獣医師、獣医学博士。東京農工大学農学部獣医学科卒業、岐阜大学大学院連合獣医学研究科修了。現、須﨑動物病院院長。薬や手術などの西洋医学以外の選択肢を探している飼い主さんに、栄養学と東洋医学を取り入れた食事療法を中心とした、体質改善、自然治癒力を高める動物医療を実践している。メンタルトレーニング（シルバメソッド）の国際公認インストラクター資格を活かし、飼い主さんの不安を取り除くことにも力を注いでいる。九州保健福祉大学客員教授、ペット食育協会会長。著書に『愛犬のための手作り健康食（洋泉社）』『ネコに手づくりごはん（ブロンズ新社）』『愛犬のための症状・目的別栄養事典（講談社）』『愛犬のための症状・目的別食事百科（講談社）』『愛犬のためのがんが逃げていく食事と生活（講談社）』『愛犬のための食べもの栄養事典（講談社）』『愛犬のらくらく健康ごはん（主婦と生活社）』『5分間集中トレーニング（ダイヤモンド社）』『勉強に集中する方法（ダイヤモンド社）』がある。

問い合わせ先
【須﨑動物病院】
〒193-0833　東京都八王子市めじろ台2-1-1 京王めじろ台マンションA-310
Tel. 042-629-3424（月～金　10～13時　15～18時／祭日を除く）
Fax. 042-629-2690（24時間受付）
PCホームページ　http://www.susaki.com
E-mail.clinic@susaki.com
※個別の症状に関するお問い合わせは、直接診療か、電話相談にて対応させていただきます。
※病院での診療、往診、電話相談は完全予約制です。

愛《あい》猫《びょう》のための症《しょう》状《じょう》・目《もく》的《てき》別《べつ》栄《えい》養《よう》事《じ》典《てん》

2012年12月17日　第1刷発行

著　者　須《す》﨑《さき》恭《やす》彦《ひこ》
発行者　鈴木 哲
発行所　株式会社 講談社
〒112-8001　東京都文京区音羽2-12-21
販売部　TEL. 03-5395-3625
業務部　03-5395-3615
編　集　株式会社 講談社エディトリアル
代　表　丸木明博
〒112-0013　東京都文京区大塚1-17-18　護国寺SIAビル6F
編集部　03-5319-2171
印　刷　日本写真印刷株式会社
製本所　大口製本印刷株式会社

定価はカバーに表示してあります。

落丁本・乱丁本は購入書店名を明記のうえ、小社業務部宛にお送りください。送料当社負担にてお取り替えいたします。

なお、この本についてのお問い合わせは、講談社エディトリアル宛にお願いします。

N.D.C.645 143p 21cm ISBN978-4-06-218115-0